KB244864

몸짓으로 배우는 초등 수학 3

분수와 소수

몸짓으로 배우는 초등 수학 3

2012년 3월 2일 처음 펴냄
2017년 12월 8일 2쇄 펴냄

지은이 정경혜
펴낸이 신명철
펴낸곳 (주)우리교육
등록 제 313-2001-52호
주소 03993 서울특별시 마포구 서월드컵북로 6길 46
전화 02-3142-6770
팩스 02-3142-6772
홈페이지 www.uriedu.co.kr

ⓒ 정경혜, 2012
ISBN 978-89-8040-674-6 14410
ISBN 978-89-8040-675-3 (세트)

이 도서의 국립중앙도서관 출판시도서목록(CIP)은 e-CIP 홈페이지(http://www.nl.go.kr/ecip)에서
이용하실 수 있습니다.(CIP 제어번호:CIP2012001030)

몸짓으로 배우는 초등 수학 3

분수와 소수

정경혜 지음

우리교육

오늘날 수학 교육에서 대부분의 관계자들이 가장 걱정하는 첫 번째 문제는 아이들이 수학 공부를 할 때 사고는 하지 않고 기계적으로 문제를 푼다는 것이다. 그러나 이는 아이들만의 잘못은 아니다. 오히려 가르치는 어른들이 아이들로 하여금 절차적이고 기계적으로 문제를 풀게 만들었기 때문이라고 생각한다. 두뇌 발달 단계 이론에 따르면 나이가 들어가면서 형식적 사고가 가능한 어른들은 추상의 수와 식이 눈에 보이지 않아도 사고하며 해결할 수가 있다고 한다. 그러나 구체적 사고를 하는 초등학생들에게 추상의 수와 식만을 가지고 설명하는 것은 아이들에게 절차에 따라서 기계적으로 문제를 풀라고 강요하는 것과 같다고 했다. 오늘날 수학 교육을 둘러싸고 있는 핵심 문제는 두뇌 발달 단계를 잘 이해한 초등학생에게 맞는 초등 수학 교육 방법이 부족했기 때문이라고 감히 말하고 싶다.

추상적 사고력이 부족해서 기계적 풀이로만 수학을 인식하는 아이들에게 수학의 바탕이 되는 수와 식을 구체적인 사물과 활동을 통해 보여 주고 체험할 수 있게 가르쳐야 한다고 생각했다.

그래서 첫 번째로 '색카드'와 '몸짓'을 보조물로 사용해서 수와 식을 보여 주고, 활동하게 했다. 그랬더니 아이들은 '내가 수가 된 느낌이다', '눈으로 보니까 이제 수를 알겠다', '덧셈이 무엇인지 알았다', '나눗셈이 어떤 뜻인지 알았다' 등의 반응을 보였다.

두 번째로 '개념을 갖고 놀아야 한다'고 한 아인슈타인의 말처럼 수학의 개념과 식을 설명하는 것이 아니라 놀이를 통해서 스스로 이해하게 해야 된다고 생각했다. 실제로 놀이를 통해서 아이들은 수학의 여러 개념들을 자기 주도적으로 이해하고 적용하는 모습을 보여 주었고 또 수학을 좋아하게 되었다.

마지막으로 아이들이 좋아하는 동화와 연극을 통한 상황극을 이용하여 수학의 개념에 대한 이해와 계산 방법을 알 수 있게 도와줘야 된다고 생각했다. 그 결과 동화와 연극으로 공부한 아이들은 계산의 원리를 잘 이해하며 또한 내용도 잊어버리지 않았다.

이런 세 가지 바탕 위에서 필자와 함께 공부한 우리 반 아이들은 더 이상 계산 문제만 푸는 기계가 아닌 철저한 이해를 바탕으로 사고하는 수학 공부를 했다. 더 나아가 공부를 좋아하는 아이들로 변했고, 학력이 높아졌으며 아이들의 자존감이 높아지는 모습을 보여 주었다.

그동안 10년 가까이 현직에 계신 많은 선생님들께 수학 교육 방법에 관한 필자의 생각들을 수없이 강의했다. 많은 선생님들이 공감하고, 책으로 나오면 책상 옆에 두고 수학 교육 지침서로 사용하고 싶다고 했다. 필자의 노력 부족으로 지금에야 빛을 보게 되었다. 이 책이 나오기까지 많은 인내와 도움을 준 가족들께 감사한다. 교육 연극에 눈을 뜨게 해 주고 교사로 살면서 행복을 느끼도록 도움을 주신 서울교대 황정현 교수님과 피곤한 몸을 마다 않고, 매주 모여서 교육 연극이 초등 교육 현실에 어떻게 도움을 줄 것인가 머리를 맞대고 연구하고 있는 초등 교육 연극의 대들보 소꿉놀이 식구들, 저자의 강의를 듣고 실천하는 가운데 이제야 교사로서 제대로 된 수학을 가르치게 되었다면서 하루빨리 책을 만들어서 많은 교사들과 어린이들에게 도움을 줘야 한다고 끊임없이 독려해 준 아산의 김영주 선생님께 감사를 드린다. 수업 때마다 "수학 공부가 정말 재미있어요. 수학 시간이 기다려져요. 저는 수학을 잘 해요." 하면서 자신감 있게 웃던 아이들의 얼굴을 보며 이 학습활동들을 꼭 써서 많은 분들께 알려야겠다고 마음을 다졌다. 사랑하는 많은 제자들에게 고맙다는 인사를 전하고 싶다. 무엇보다 아이디어 궁핍으로 힘들어할 때 가뭄에 단비처럼 기막힌 아이디어를 주신 하나님께 무한한 감사를 드린다.

이 책이 대한민국, 아니 전 세계를 짊어지고, 더 나은 세계를 창조할 우리 아이들을 지혜롭게 키우고자 열망하는 수많은 어른들에게 좋은 수학 교육 지침서가 되길 간절히 바란다.

2012년 2월

정경혜

차례

머리말 4

꼭 읽어 주세요 8

1. 분수의 개념 (반쪽이가 웃었어요) 12

2. 분수의 크기 비교 (분수 막대, 몸짓 분수) 18

3. 이산량 분수 (전체의 양이 1이구나) 22

4. 소수의 개념 및 소수 첫째 자리의 몸짓 (개미가 좋아하는 소수) 29

5. 진분수, 대분수, 가분수의 개념 (분모를 중심으로) 34

6. 소수 둘째 자리의 크기와 몸짓 (호랑이 새끼가 먹은 것) 39

7. 동분모 분수의 덧셈과 뺄셈 (어! 더하기와 빼기를 안해) 45

8. 대분수의 덧셈과 뺄셈 (분홍 카드가 눈에 띄네) 50

9. 소수의 덧셈 (소수도 십진수네) 54

10. 소수의 뺄셈 (소수도 십진수구나) 60

11. 이분모 분수의 덧셈과 뺄셈 (같은 모습이 되자) 66

12. 진분수 × 자연수 (덧셈과 닮았네)   70

13. 자연수 × 진분수 (자연수를 나누는구나)   74

14. 진분수 × 진분수 (약이 된 호랑이 꼬리)   79

15. 분수와 소수의 관계 (모양을 바꿀 수 있네)   85

16. 자연수 나누기 자연수 ($\frac{1}{3}$ 은 몇 명이 나누어 가질까?)   90

17. 분수 나누기 자연수 (자연수가 분모로 가네)   94

18. 소수의 곱셈 (겉모양은 다르나 값은 같아요)   97

19. 소수의 나눗셈 (되로 받았으면 되로 갚아라)   101

20. 분수의 나눗셈 (손가락으로 해 봐요)   106

21. 소수의 나눗셈 (네가 100배면 나도 100배 할래)   115

22. 분수와 소수의 혼합 계산 (통일을 이루자)   121

이 책은 초등 수학 학습 내용의 60% 가까이를 차지하는 수와 연산 지도를 위한 안내서이다. 수와 연산이 60% 정도라고 하지만, 엄밀하게 말하면 수와 연산을 제대로 이해하지 못하면 초등 수학의 측정, 규칙, 함수 등 어느 부분도 수행할 수가 없다. 즉 '수와 연산은 초등 수학의 전부다' 라고 표현해도 과언이 아니다. 초등 수학 수와 연산의 개념과 원리를 지도하는 데 어려움을 느끼는 많은 분들께 이 책이 도움을 줄 것이다.

1. 이 책(분수와 소수) 은 초등 수학 중에서 분수와 소수 지도를 위한 안내서이다. 분수와 소수는 0보다 크고 1보다 작은 수를 나타내는 수로서 초등학생들이 일상생활에서 잘 사용하지 않는 수들이다. 일상생활에서 잘 사용하지 않아서 분수, 소수에 대한 개념 및 계산 방법을 어려워하는 학생들이 많고, 또 교사들도 기계적 방법 외에 다른 지도 방법을 찾기가 힘든 부분이다. 효과적인 개념 이해와 자기 주도적 학습을 위해서 학습 방법을 다음과 같이 만들었다.

① 분수와 소수의 개념을 동화를 통해서 이해할 수 있게 만들었다.
② 분수 혹은 소수를 카드에 써서 어린이가 들고 직접 분수가 되어서 계산 활동에 참여하면서 계산의 오류를 발견하고, 바른 계산 원리 및 계산법을 발견하게 만들었다.
③ 수카드를 놓는 가운데 상황에 맞는 교사의 발문을 통해서 계산 오류를 발견하고 계산 원리를 이해하게 만들었다.
④ 소수 개념은 몸짓수로 0.1, 0.01, 0.001을 표현하면서 이해를 돕고, 분수는 손뼉 치기 활동을 통해서 이해를 도와주었다.

이 책은 분수, 소수를 가르치는 사람들에게는 기계적 설명을 할 수밖에 없었던 눈에 있는 비늘을 벗겨 주리라 생각하며 효과적으로 수학을 잘 가르칠 수 있게 도움을 줄 것이다. 나아가 배우는 어린이들에게는 분수와 소수의 개념 및 계산하는 방법을 확실하게 어린이들 자신의 것으로 만들 수 있게 이끌어 줄 것이다.

2. 이 책은 수학에서 사용하는 수와 기호, 식 등을 '수학나라 말'이라고 정의하였다. 상황 속에서 수학나라 말, 즉 수와 기호를 자연스럽게 표현하면서 수학 식을 쉽게 이해할 수 있게 만들었다.

3. 이 책에서 안내하는 학습활동을 수행하기 위해서 교실 가운데를 비워 두는 것이 중요하다. 아이들이 수카드를 들고 서 있을 공간, 놀이를 하는 공간 등 활동하는 수업을 위한 공간이 꼭 필요하다.

예

	교사	
	활동 공간	

4. 수업 시간에 교사와 학생들이 같이 사용하는 교사용 색카드는 색도화지의 $\frac{1}{2}$ 크기를 사용하였으며, 학생 개인이 책상 위에 놓아 보는 학생용 색카드는 색도화지의 $\frac{1}{16}$ 크기를 사용하였다. 고학년에서는 수만큼 색카드를 늘어놓지 않고, 색카드 한 장에 숫자를 써서 그 수를 대신할 수 있도록 하였다.

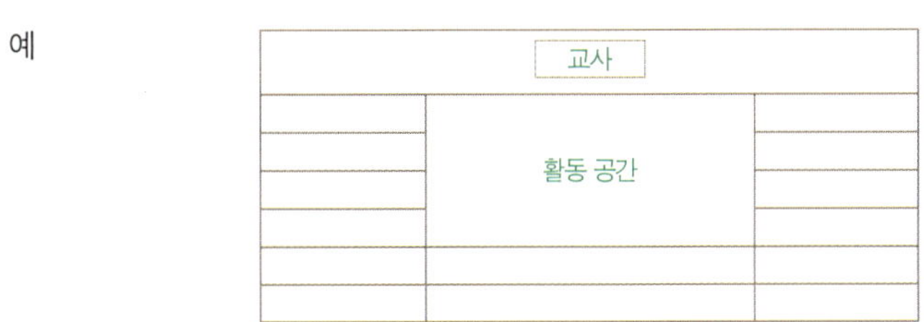

예　42일 경우 저학년에서는 　　　　　　로 표현하였지만,
고학년에서는 4 2 로 대체할 수 있게 하였다.

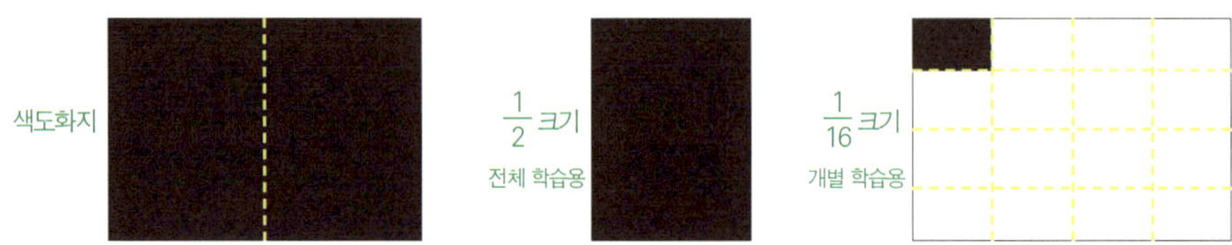

5. 수학 시간에는 수를 들거나 식을 쓸 때 항상 백지 수카드를 준비한다. 크기는 교 사용으로는 (A₄ $\frac{1}{2}$ 크기) 30장 정도, 고학년용으로는 (A₄ $\frac{1}{32}$ 크기도 좋음) 30장 정도를 준비한다. 이 카드 위에 수와 기호를 써 가면서 수학 공부를 한다. (종이는 이면지를 사용하면 된다.)

백지 수카드를 사용할 것을 적극 권장한다. 공책을 두고 왜 백지 수카드를 만들어서 사용하느냐 의문을 가질 수 있지만, 6학년이 되어서도 등식에 관해서 이해를 못하던 많은 학생들이 백지 수카드로 식을 놓아 보는 활동 2주 만에 등식을 확실하게 이해 했다고 좋아했다. 백지 수카드는 아이들이 수학 세계를 이해하는 데 큰 도움을 줄 것이다.

6. 개념 이해를 돕기 위해서 많은 놀이를 실었다. 책에 실린 놀이를 주어진 시간에 다 할 필요는 없으나 학생들이 특별히 재미있어하는 놀이를 중심으로 그 놀이를 자 주 하면 개념을 이해하는 데 도움이 많이 될 것이다. 또한 아무리 아이들이 재미있 어하는 놀이라도 한 술 밥에 배부르지는 않는다. 놀이의 방법과 규칙을 아는 데도 시간이 필요하다는 것을 생각하고, 한 번 놀이한 것으로 별로 효과가 없다고 단정하 는 것은 곤란하다. 같은 놀이를 몇 번 정도 반복하기를 권한다.

7. 동화를 만들어서 개념 이해를 도와주었다. 어린이들은 현실보다 동화를 더 좋아

한다. 그 과정에서 더 감명을 받고 내용 이해도 더 잘하며 또 기억도 잘한다. 그러나 책에 있는 동화를 그대로 따라 할 필요는 없다. 가르치는 사람이 필요하다고 생각되는 부분만 간추려서 동화를 이끌어 가도 좋고, 약간씩 변경하거나 추가해서 사용할 수 있다. 동화를 이용해서 간단한 연극 활동을 하면 더 재미있게 학습활동을 할 수 있다.

8. 이 책은 아이들이 수와 연산의 개념 이해를 하는데 어떻게 접근할 수 있는지 하나의 샘플로서 적은 것이다. 독자들은 꼭 이 책에 쓰인 그대로 할 필요는 없다. 이렇게 접근하면 되겠구나 생각하면 나머지 모든 발문들은 학습하는 아이들의 상황에 맞추어서 예를 달리 들어서 접근해도 좋은 가르침이 될 것이다. 또한 하나의 제재를 두고, 그 시간 안에 다 마치려는 과욕은 오히려 좋지 않다. 제재를 두고, 학습자의 상황에 맞춰서 어떤 부분은 오랫동안 반복하면서 이해를 쌓아 가는 것도 좋은 방법이 된다.

1. 분수의 개념
(반쪽이가 웃었어요)

▪ 들어가면서

사과 '반쪽'을 말할 때 수학나라에서는 어떻게 표현할까?

▪ 목표

한 개를 똑같이 나누었을 때 그것을 표현하는 수학나라 말을 알 수 있다.

▪ 준비물

학생 : 백지 수카드 30장(A_4 $\frac{1}{8}$ 크기), 종이 분수 막대 30장(A_4를 가로로 $\frac{1}{4}$ 자르기)

▪ 내용

지금까지 아이들은 자연수에 대해서 공부했다. 1을 똑같이 나누었을 때 생기는 조각을 나타내는 수로 분수를 배운다. 즉 분수는 0보다는 크고 1보다는 작은 양을 나타내기 위해서 만든 수이다. 드라마 활동을 통해서 분수를 이해하고자 한다. 이 활동은 기본만 정리한 것이다. 학습자들의 이해가 부족할 경우에는 교사가 부분 부분 활동 예를 더 만들어서 학습활동을 이끌어 가도록 한다.

▪ 활동 1 형들이 미워한 반쪽이

엄마는 교사가 맡고, 아이들은 세 모둠으로 나누어서 (형1, 형2, 반쪽이) 역할을 맡는다. 세 아이의 말은 교사가 미리 하고, 따라 하는 형식이다.

엄마 뭐 첫째 형이 동생이 반쪽이라서 친구들한테 창피하다고 그랬다고? 다시 한 번 말해 봐.

형1 모둠 동생이 반쪽이라서 친구들한테 창피해요.

엄마 뭐 둘째 형도 동생이 반쪽이라서 창피해서 친구들을 만날 수가 없다고 그랬다고?

다시 한 번 말해 보렴.

형2 모둠 동생이 반쪽이라서 창피해서 친구들을 만날 수가 없어요.

엄마 반쪽아, 형들이 싫어해서 너무 힘이 든다고? 다시 한 번 말해 봐.

반쪽이 형들이 싫어해서 너무 힘이 들어요.

▪ 활동 2 엄마의 위대함

교사는 엄마가 되고 다른 역할은 아이들이 맡는다. 사과는 분수 막대로 사용한다.

엄마 애들아, 첫째는 맏이라서 사과를 두 개 먹는단다. 다시 한 번 말해 보렴.

형1 모둠 나는 맏이라서 사과를 두 개 먹는다.

엄마 애들아, 2개를 수학나라 말로 들어 주렴.

아이들 (수학 카드에 2 를 써서 높이 든다.)

엄마 애들아, 둘째는 사과 한 개를 먹는단다. 수학나라 말을 써서 들어 주렴.

아이들 (수학 카드에 1 을 써서 높이 든다.)

엄마 뭐? 첫째하고 둘째가 반쪽이 보고 사과를 반쪽만 먹으라고 했다고? 다시 말해 봐.

형1, 2 모둠 반쪽아. 너는 반쪽이니 사과 반쪽만 먹어라.

엄마 사과 반쪽을 먹는 반쪽아, 너는 반쪽이라서 수학나라 말이 없다고? 다시 한 번 말해 봐.

반쪽이 모둠 사과 반쪽을 먹기 때문에 반쪽이라는 수학나라 말이 없어요.

엄마 반쪽아, 엄마가 도와줄게. 엄마가 아들을 사랑하는 가슴은 넓고도 넓은데 왜 못 하겠어. 지금부터 잘 보렴. 이건 막대기란다. 너 수학나라에서 막대기가 참 중요한 것 알지? 오늘도 막대기로 좋은 것을 배워 보자. 여우도 막대기를 이용해서 굶지 않았잖아.

반쪽아, 엄마가 먼저 막대기로 사과 한 개를 두 쪽으로 나눌게. 이때 사과를 똑같이 나누어야 한단다. 만약에 조금이라도 어느 쪽이 크거나 작으면 쪼개진 사과들은 다시 한 개로 달라붙는단다. 왜 엄마가 막대기로 사과를 자르는지 궁금하지? 이 막대기는 칼보다도 사과를 더 잘 자를 수 있단다. 사과 두 쪽 중에서 너는 사과 한 쪽을 먹는 거지? 사과를 들어 봐. 어린이 여러분도 반쪽이가 먹을 사과를 들어 주세요. (반쪽이가 먹는 사과는 이렇게 네모나게 생겼단다.)

엄마 그래서

$$\frac{1}{2}$$

반쪽이 사과 한 쪽

막대기로 한 개를 두 쪽으로 나눔

읽을 때는 '이분의 일' 이라고 읽으면 된단다. (즉 중간의 막대기로 한 개를 2개로 나눈 것 중의 하나)

엄마가 2개로 나누었지. 그래서 나누는 기호 막대기 —— 아래에 있는 수를 '분모' 라고 한단다. (엄마 모母) 그리고 나누는 기호 막대기 위에 있는 1은 누가 가지는 걸까?

아이들 아들입니다.

엄마 그래. 아들이 가져가니까 나누는 기호 위에 있는 수를 '분자' (아들 자子)라고 한단다. 다시 한번 정리해 볼까? 분수에 들어가는 것은 무엇 무엇이니 모두가 말해 볼까?

아이들 (선생님이 말하는 대로 따라 한다.) 엄마 마음을 나타내는 분모, 칼보다 더 잘 자르는 막대기, 그리고 아들이 받는 분자가 있어요.

엄마 반쪽아, 형들에게 너의 수 $\frac{1}{2}$ 을 자랑해 보렴.

반쪽이 모둠 형들, 나한테도 수학나라 말이 생겼어요. 이거야. $\frac{1}{2}$ '이분의 일'.

엄마 사랑하는 아들들아, 반쪽이에게 새로운 수학나라 말 분수를 만들어 줄 만큼 엄마는 너희들을 사랑한단다. 부디 너희들도 형제 간에 서로 사랑하렴.

- ■ 활동 3 분수가 참 많아요

아이들은 종이 분수 막대로 사물을 대체해서 같이 활동에 참여한다. 교사는 엄마 역할을 맡는다.

엄마 빵을 반쪽만 가져라. 수학나라 말을 보여 줘야 가질 수 있어.

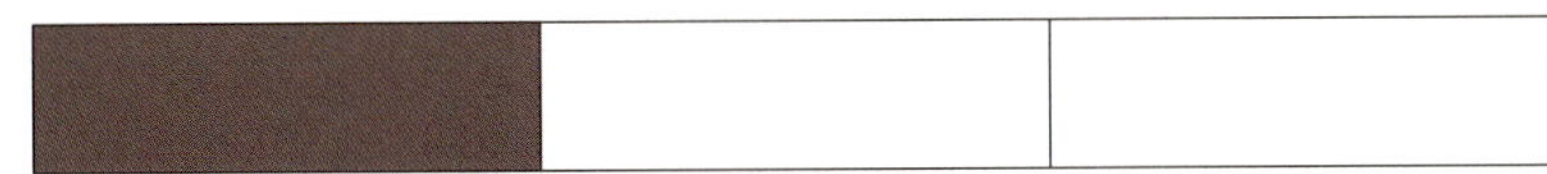

엄마 바나나는 세 사람이 똑같이 나누어 가져라. 한 사람이 먹는 양을 수학나라 말로 보
여 줘야 가질 수 있어.

엄마 맛있는 사과빵이 있네. 다섯 사람이 똑같이 나누어 가져라. 한 사람이 먹는 양을 수
학나라 말로 보여 줘야 가질 수 있어.

엄마 맛있는 초콜릿이 있네. 여덟 사람이 똑같이 나누어 가져라. 한 사람이 갖는 양을 수
학나라 말로 보여 줘야 가질 수 있어.

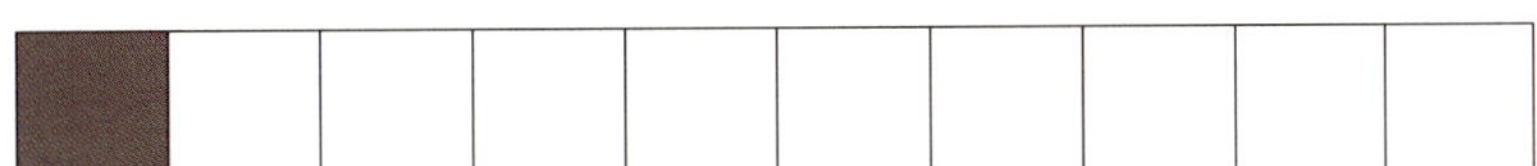

엄마 맛있는 감자빵이 있네. 열 사람이 똑같이 나누어 가져라. 한 사람이 갖는 양을 수학
나라 말로 보여 줘야 가질 수 있어.

아이들 $\frac{1}{10}$

엄마 많은 사람이 나누어 가지니까 한 사람에게 돌아가는 양은 어떠니?

아이들 (자기들의 생각을 발표한다.)

엄마 오늘 반쪽이가 공부를 잘해서 사과 1개를 4쪽으로 나누어서 반쪽이에게 3쪽을 주
겠다. 얘들아, 분수는 어떻게 표현할까?

아이들 $\frac{3}{4}$

엄마　오늘 맏형이 동생을 잘 돌봐서 바나나 1개를 3쪽으로 잘라서 2쪽을 주겠다. 분수는

　　　어떻게 표현할까?

아이들　$\dfrac{2}{3}$

엄마　$\dfrac{1}{2}$, $\dfrac{1}{3}$, $\dfrac{1}{4}$, $\dfrac{1}{5}$ 을 공책에 잘 붙여 보렴.

▪ 활동 4 몸짓 분수

엄마 손뼉으로 공부하는 재미있는 몸짓 분수도 가르쳐 줄게.

몸짓 분수 놀이

· 준비_손뼉 치기

· 활동

손뼉 치기로 분모의 수를 나타낸다. 분모가 2일 때는 2번 손뼉 치고, 분모가 3일 때는 3번 손뼉 친다.

손등 치기는 분자의 수를 나타낸다. 분자가 1일 때는 손등을 1번 치고, 분자가 2일 때는 손등을 2번 친다.

몸짓(움직임)은 학습과 긴밀한 관계가 있다. 움직임과 학습활동은 끊임없이 상호작용을 함으로써 분수 이해를 도와준다.

▪ 정리 의미 찾기

교사 분수에 대해서 알게 된 것을 노래로 만들고 '학교 종' 노래에 맞추어서 불러 해 보세요.

아이들 (원하는 순서, 혹은 도미노 순서대로 노래 발표를 한다.)

2. 분수의 크기 비교
(분수 막대, 몸짓 분수)

■ 들어가면서

1. 분수를 발표하자. 어떤 상황에서 분수를 사용했나?

2. 자연수와 분수의 차이점은 무엇인가?

■ 목표

분수의 개념을 알고, 분수의 크기를 비교할 수 있다.

■ 준비물

학생 : 분수 막대 $\frac{1}{2} \sim \frac{1}{10}$ 까지 2세트 만들어 두기 (교사가 미리 프린트해서 나누어 주는 것이 좋다.)

■ 내용

2학년 때 분수를 잠깐 배웠지만 분수는 일상생활에서 잘 사용하지 않기 때문에 좀 어려운 개념이다. 그림을 보고, 분수로 읽기는 잘하는 편이나 전체(1)를 똑같이 나눈 것 중에서 부분을 분수로 나타낸다는 개념은 갖지 못한 경우가 많다. 그러므로 분모와 분자의 개념을 정확하게 이해하도록 도와주어야 한다. 여러 가지 몸짓 모습으로 분수를 이해하는 것을 도와주는 것도 중요하다.

■ 활동 1 상어에게 가래떡을 주어라(분수 크기 비교하기)

분수 막대에 알맞은 색칠을 해서 상어 놀이를 한다. 교사가 상어 역할을 한다.

교사 "두두두" (양 손을 합쳐서 앞으로 쭉 내밀며 소리를 내면서 아이들에게 다가간다.) $\frac{1}{2}$

아이들 (아이들은 재빨리 $\frac{1}{2}$ 에 색칠을 해서 든다.)

교사 "두두두" $\frac{1}{3}$

아이들 (아이들은 $\frac{1}{3}$에 색칠을 해서 든다.)

교사 "두두두" $\frac{2}{4}$

아이들 (아이들은 $\frac{2}{4}$에 색칠을 해서 든다.)

교사 "두두두" 오른쪽은 $\frac{2}{5}$, 왼쪽은 $\frac{3}{5}$을 칠하고, 큰 분수를 들어 보세요.

아이들 (아이들은 $\frac{3}{5}$을 든다.)

교사 "두두두" 오른쪽은 $\frac{3}{6}$, 왼쪽은 $\frac{5}{6}$를 칠하고, 큰 분수를 들어 보세요.

아이들 (아이들은 $\frac{5}{6}$를 든다.)

교사 "두두두" 오른쪽은 $\frac{4}{7}$, 왼쪽은 $\frac{3}{7}$을 칠하고, 작은 분수를 들어 보세요.

아이들 (아이들은 $\frac{3}{7}$을 든다.)

교사 "두두두" 오른쪽은 $\frac{7}{9}$, 왼쪽은 $\frac{8}{9}$을 칠하고, 큰 분수를 들어 보세요.

아이들 (아이들은 $\frac{8}{9}$을 든다.)

교사 "두두두" 오른쪽은 $\frac{9}{10}$, 왼쪽은 $\frac{8}{10}$을 칠하고, 큰 분수를 들어 보세요.

아이들 (아이들은 $\frac{9}{10}$를 든다.)

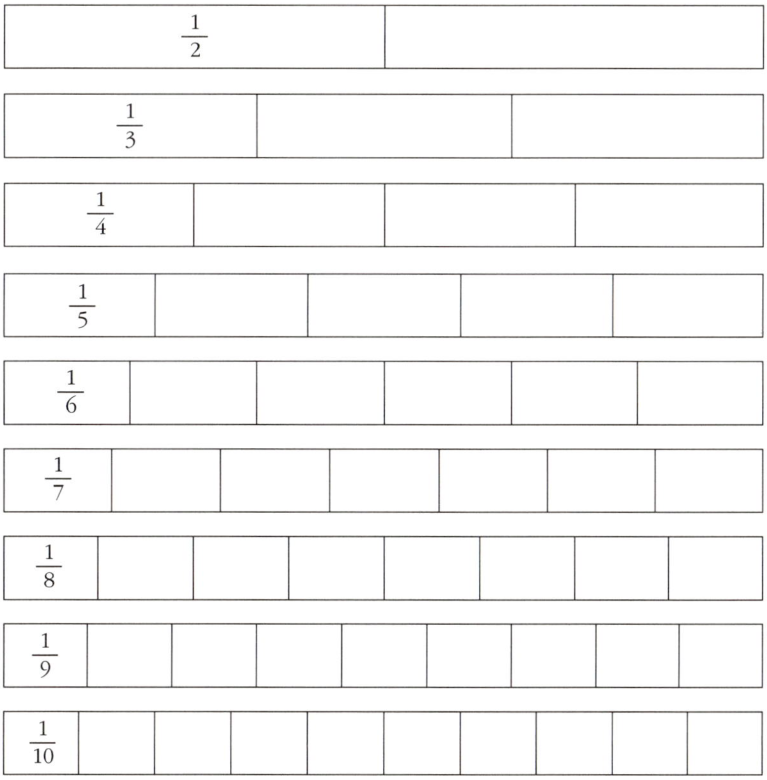

▪ **활동 2** 몸짓(손뼉) 분수

손뼉 치기로 분수를 표현할 수 있다.

교사　손뼉 수는 전체(1)을 똑같이 나눈 개수입니다. 그리고 손등을 치는 것은 똑같이 나눈 것의 부분입니다. $\frac{1}{2}$ 을 몸짓 분수로 나타내세요.

아이들　(아이들은 손뼉 치기 2번, 손등 1번을 친다.)

교사　$\frac{2}{3}$ 를 나타내세요.

아이들　(아이들은 손뼉 치기 3번, 손등 2번을 친다.)

교사　오른쪽 짝은 $\frac{2}{5}$, 왼쪽 짝은 $\frac{3}{5}$ 을 치세요. 큰 분수인 사람이 일어나세요.

아이들　(아이들은 손뼉 치기를 한 후 $\frac{3}{5}$ 이 일어난다.)

교사　오른쪽 짝은 $\frac{4}{7}$, 왼쪽 짝은 $\frac{6}{7}$ 을 치세요. 작은 분수인 사람이 일어나세요.

아이들　(아이들은 손뼉 치기를 한 후 $\frac{4}{7}$ 가 일어난다.)

* 많은 분수를 몸짓 분수로 나타내며 크기를 비교한다.

▪ **활동 3** 아이들 몸으로 분수를 표현하기

아이들이 앞에 나와서 서고, 몸으로 분수를 표현한다. (이때 아이의 크기는 무시하고, 한 사람, 두 사람의 의미를 지닌다.)

교사　두 사람이 나와서 서세요. 이중에서 $\frac{1}{2}$ 은 앉으세요.

아이들　(두 사람 중에서 한 사람이 앉는다.)

교사　세 사람이 나와서 서세요. 이중에서 $\frac{1}{3}$ 은 앉으세요.

아이들　(세 사람 중에서 한 사람이 앉는다.)

교사　세 사람이 나와서 서세요. 이중에서 $\frac{2}{3}$ 는 앉으세요.

아이들　(세 사람 중에서 두 사람이 앉는다.)

아이1　여덟 사람이 나와서 서세요. 두 군데 나와서 서세요.

　　　A는 $\frac{7}{8}$ 이 앉고, B는 $\frac{5}{8}$ 가 앉으세요. 작은 분수는 어디입니까?

아이들　($\frac{5}{8}$ 가 작습니다.)

▪ 활동 4 놀이

분수 부르기 크기가 큰 분수 (혹은 크기가 작은 분수) 순서대로 중복되지 않고 분수를 부르는
놀이

· 준비_8~15명 정도를 한 팀으로 하기, 아래와 같이 분수 카드를 만든다.

$$\frac{1}{8} \quad \frac{1}{3} \quad \frac{1}{2} \quad \frac{1}{5} \quad \frac{1}{4} \quad \frac{1}{7} \quad \frac{1}{6}$$

· 활동

＊목표를 먼저 준다. (목표 : 분수의 크기가 큰 분수부터 차례로 말하기)

1. 한 사람이 먼저 ' $\frac{1}{2}$ ' 하고 소리를 낸다.

2. 그다음에 정해진 순서 없이 아무나 ' $\frac{1}{3}$ ' 하고 소리를 낸다. 이때 ' $\frac{1}{3}$ '을 부르는 사람이
두 사람 이상이면 다시 ' $\frac{1}{2}$ '로 돌아가야 한다.

3. ' $\frac{1}{2}$, $\frac{1}{3}$ '을 한 사람씩 잘 불렀으면 ' $\frac{1}{4}$ ' 을 부른다. 물론 두 사람 이상이 부르면 다시
' $\frac{1}{2}$ '로 돌아간다.

4. 무작위 순서로 부르면서도 꼭 한 사람이 분수를 불러서 ' $\frac{1}{8}$ '까지 가도록 한다.

5. 서로 짜맞추지 않고 무작위로 하게 하는 것이 중요하다.

6. 잘되면 응용하여 분수의 크기가 가장 작은 분수부터 부르기도 한다.

7. 두 팀으로 나누어 어느 팀이 잘하나 게임으로 즐길 수 있다.

▪ 정리 의미 찾기

교사 오늘 공부한 내용에서 생각나는 것을 몸짓으로 표현하세요.

아이들 (자신의 생각을 몸짓으로 표현하고 발표한다.)

3. 이산량 분수
(전체의 양이 1이구나)

▪ 들어가면서

1. 분수는 어떤 경우에 사용하는가?
2. 주변에서 1개라고 말하는 것을 발표하기 (사과 1개 외에 귤 1상자, 연필 1다스 등의
발표도 나오도록 유도한다.)

▪ 목표

1개가 아니고, 여러 개 있는 것 중에서 부분을 가지려 할 때 분수를 사용해서 나타내
는 방법을 이해할 수 있다.

▪ 준비물

학생 : 종이로 떡갈비 1개, 소시지 1개, 햄 8개, 밤 10개, 계란 6개, 콩 12개 만들어
두기 (교사가 미리 프린트해서 나누어 주는 것이 좋다. A_4 용지에 즉석으로 학습 자료
를 그려서 해도 좋다.)

▪ 내용

은 연속량을 두고 $\frac{1}{3}$ 로 표현하는 연속량 분수이다. 공 1상자 즉 8개
의 $\frac{1}{2}$ 은 얼마인가?로 묻는 것은 이산량 분수이다. 연속량 분수는 이해를 잘 하나
의 $\frac{1}{3}$ 은 몇 개? 의 $\frac{1}{2}$ 은 몇 개? 즉 이산량 분수의 개념은 매
우 어려워하고 있다. 이해를 돕기 위해서 이야기로 엮어 보았다. 이야기 활동을 진
행하는 가운데 아이들의 이해가 부족하면 교사는 필요한 부분의 활동을 응용해서
여러 번 하도록 한다.

■ 활동 1 호랑이는 $\frac{1}{2}$ 을 좋아해

간단한 극 활동. 호랑이는 교사가 맡고, 아이들은 모두 다른 동물들이 된다.

호랑이 멍멍아, 그 떡갈비 $\frac{1}{2}$ 주면 안 잡아먹지.

개 여기 $\frac{1}{2}$ 

호랑이 꾀쟁이 여우야, 뺏어 온 소시지 $\frac{1}{2}$ 주면 안 잡아먹지.

여우 여기 $\frac{1}{2}$ 

■ 활동 2 묶어서 표현하는 분수

호랑이는 교사가 맡고, 아이들은 모두 다른 동물들이 된다.

호랑이 다람 다람 다람쥐, 갖고 있는 알밤 10개를 내놓아라.

다람쥐 (알밤 10개를 종이에 그린다.)

호랑이 이중에서 내가 $\frac{1}{2}$ 가져갈 테니 잘 봐. 먼저 10개를 똑같이 2묶음으로 묶는다. 그리고 그중에서 1묶음이 내 것이다. 나는 $\frac{1}{2}$ 을 갖는다. 알겠니? 불만 있으면 말해 봐.

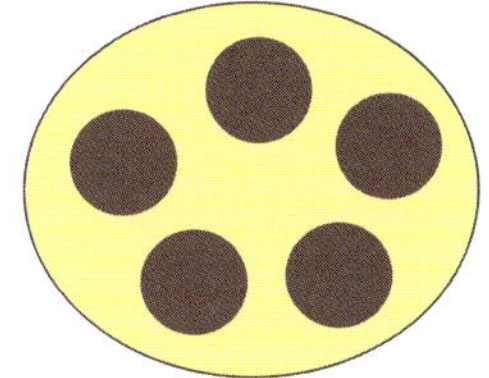

너희들 이때까지 $\frac{1}{2}$ 은 , 한 개를 둘로 쪼개는 것만 $\frac{1}{2}$ 인 줄 알았지.

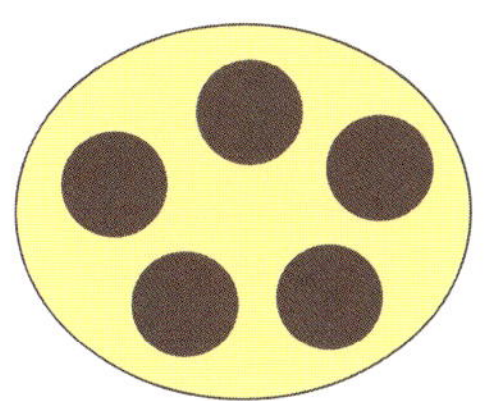

2묶음 중에 1묶음도 $\frac{1}{2}$ 이란다.

다람쥐 나는 ◓ 만 가지고 가는 줄 알았는데 5개도 $\frac{1}{2}$ 이네. 약 오른다.

호랑이 야옹 야옹 고양이야, 햄 8개 몽땅 내놓아라.

고양이 (햄 8개를 종이에 그린다.)

호랑이 이 8개 햄을 2묶음으로 묶어라. 그 중에서 $\frac{1}{2}$ 을 나에게 빨리 다오.

고양이

여기 있어요. $\frac{1}{2}$, 한 묶음.

호랑이 내 아들 호랑이야, 너도 양식 좀 받아 오너라.

새끼 호랑이 알았어요, 아버지. 그런데 불쌍해서 나는 적게 달라고 할 거예요.

꼬꼬댁 암탉아, 알 낳은 것 6개 중에 $\frac{1}{3}$ 만 주렴.

암탉 (알을 6개 그린다.)

새끼 호랑이 $\frac{1}{3}$ 은 6개를 몇 묶음으로 만들어야 하니?

암탉 잘 모르겠어. 가르쳐 줘.

새끼 호랑이 $\frac{1}{3}$ 은 6개를 3묶음으로 묶어서 1묶음만 주면 된다.

암탉

$\frac{1}{3}$ 가져 가세요.

새끼 호랑이 고마워, 암탉아, 나중에 개가 물려고 하면 도와줄게.

꾸벅꾸벅 졸고 있는 참새야, 모은 콩 12개 중에서 $\frac{1}{4}$ 만 주렴.

참새 (콩 12개를 그린다.)

새끼 호랑이 $\frac{1}{4}$ 이니까 몇 묶음으로 묶어야 되겠니?

참새 (4묶음으로 묶어요.)

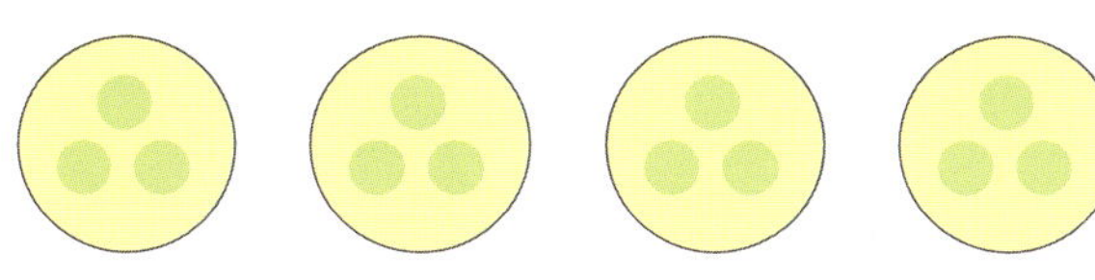

그 중에서 $\frac{1}{4}$ 이니 1묶음 가지세요.

새끼 호랑이 고마워, 참새야, 아빠 주무시면 숨바꼭질하고 놀자.

호랑이 나는 오늘 배가 많이 고프다. 여우가 갖고 있는 햄 16개 중에서 $\frac{5}{8}$ 를 먹고 싶다.

여우 (햄 16개를 종이에 그린다.)

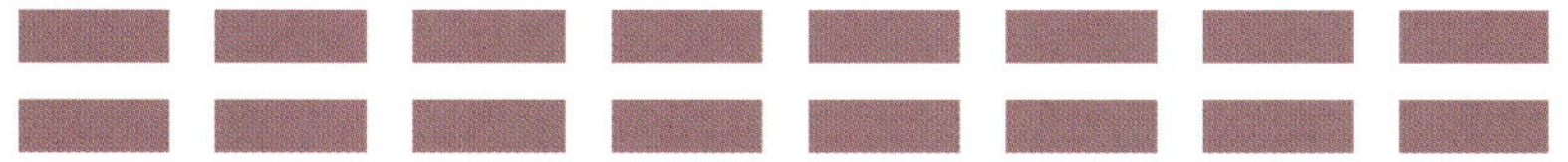

호랑이 여우야, 내가 $\frac{5}{8}$ 를 먹어야 되는데 먼저 몇 묶음으로 묶어야 되니?

여우 예, 8묶음입니다.

호랑이 빨리 묶어 보아라.

여우

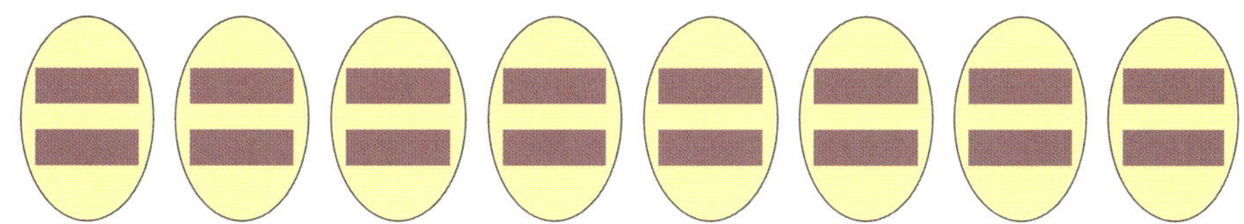

호랑이 나에게 $\frac{5}{8}$ 를 빨리 주렴.

여우 욕심쟁이 호랑이님, $\frac{5}{8}$ 여기 있습니다.

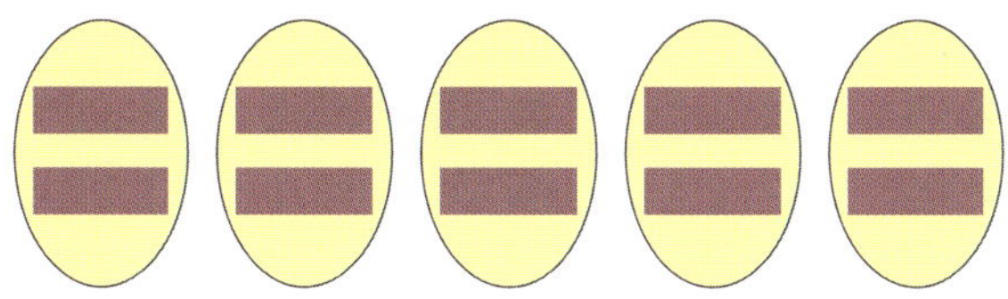

호랑이 여우도 잘하니 마음씨 좋은 암탉은 더 잘할 거야. 그렇지, 암탉아.

네가 오늘 달걀 20개 낳았다고? 그중에서 나에게 15개 주렴. 줄 때는 15개라고 말하지 말고 반드시 분수로 말하고 주렴.

암탉 (달걀 20개를 종이에 그린다.)

호랑이 맨 먼저 무엇을 해야 되겠니?

암탉 예, 먼저 묶어야 됩니다.

호랑이 그러면 어떻게 묶어야 똑같은 개수로 묶을 수 있겠니? 먼저 10개씩 묶어 보렴.

그러면 15개를 줄 수 있니?

암탉 아니요.

호랑이 그러면 4개씩 묶어 보렴. 그러면 15개를 줄 수 있니?

암탉 아니요.

호랑이 그러면 2개씩 묶어 보렴. 그러면 15개를 줄 수 있니?

암탉 아니요.

호랑이 그러면 3개씩 묶어 보렴. 그러면 15개를 줄 수 있니? 20개를 똑같이 묶을 수 있니?

암탉 아니요.

호랑이 그러면 몇 개씩 묶어야 똑같은 개수로 묶고, 그리고 15개를 줄 수 있을까?

암탉 5개씩 묶으면 4묶음이 되고, 그중에서 3묶음을 주면 15개를 줄 수 있습니다.

호랑이 암탉이 잘한다. 그렇게 해 보렴.

암탉

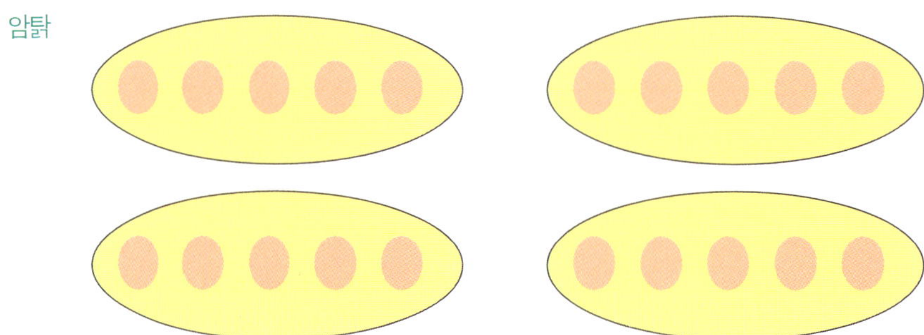

호랑이 잘 묶어서 주는구나. 분수를 말해야지.

암탉 $\frac{3}{4}$ 입니다.

호랑이 동물들 중에서 암탉이 제일 마음에 든다.

(* 이와 유사한 활동을 많이 해 보도록 한다.)

■ 활동 3 **몸으로 분수 나타내기**

아이들이 나와서 직접 해 본다.

호랑이 도토리 6개 나오렴.

아이들 (아이들이 도토리가 되어 6명이 나와서 선다.)

호랑이 도토리 $\frac{1}{2}$ 은 앉아. 몇 묶음이지?

아이들 2묶음입니다. (아이들 3명이 앉는다.)

호랑이 잘했다. 일어서. 이번에는 도토리 $\frac{1}{3}$ 은 앉아. 몇 묶음이지?

아이들 3묶음입니다. (아이들 2명이 앉는다.)

여섯 사람이 나와서 선다.　　　　여섯 사람 중에서 $\frac{1}{2}$ 이 앉는다.

여섯 사람이 나와서 선다.　　　　여섯 사람 중에서 $\frac{1}{3}$ 이 앉는다.

호랑이 이번에는 햄 8개 나오렴.

아이들 (아이들이 햄이 되어 8명이 나와서 선다.)

호랑이 이번에는 햄 $\frac{3}{4}$ 앉아. 몇 묶음이 되고, 몇 묶음이 앉을까?

아이들 4묶음이 되고, 3묶음이 앉아요. (아이들 6명이 앉는다.)

호랑이 이번에는 알밤 25개 나오렴.

아이들 (아이들이 알밤이 되어 25명이 나와서 선다.)

호랑이 이번에는 알밤 $\frac{3}{5}$ 앉아. 몇 묶음이 되고, 몇 묶음이 앉을까?

아이들 5묶음이 되고, 3묶음이 앉아요. (아이들 15명이 앉는다.)

호랑이 모두 잘했다. 들어가라.

*위의 활동을 적은 수에서 시작하여 잘하면 큰 수에 이르기까지 변형하면서 여러 번 해

　본다. (수박, 참외, 사과 등으로 표현해 보기)

■ 활동 4 놀이

'나는 여러분을 사랑합니다' 놀이 특별히 ○○○ 을 사랑합니다란 조건을 붙여서 그 조건에
해당하는 사람이 자리를 움직인다. 그리고 만난 사람과 이산량 분수에 관한 놀이를 한다.

·준비_6명 이상이면 가능하나 반 전체가 하기에도 적합하다. 강의 형태도 좋다.

·활동

1. 교사가 먼저 한다. '나는 여러분을 사랑합니다. 그중에서도 특별히 3학년 0반 여러분을 사
　랑합니다.' 그러면 반 전체가 모두 일어나서 자리를 이동해서 다른 짝을 만난다. 이때 자기
　자리에 앉아 있는 사람은 안 된다.

2. 새로운 짝을 만났으면 서로 인사를 한 다음 '가위바위보' 를 한다.

3. 교사는 진 사람이 이긴 사람에게 해야 할 과제를 제시한다.

4. 미션은 '사랑합니다' 를 10번 중에서 $\frac{1}{2}$ 에 해당하는 수 만큼 짝에게 말하기

5. 진 사람은 이긴 사람에게 '사랑합니다' 를 5번 말한다.

6. 역할를 바꾸어 이긴 사람은 진 사람에게 '사랑합니다' 를 $\frac{1}{5}$ 만큼 말하는 과제도 준다.

7. 다시 교사가 말한다. '나는 여러분을 사랑합니다. 그중에서 특별히 실내화를 신고 있는 사
　람을 사랑합니다.' 그러면 아이들은 모두가 자리를 바꾼다.

8. 다시 교사는 분수의 이산량 학습 내용에 관계되는 과제를 주고 놀이를 계속 진행한다.

■ 정리 의미 찾기

교사 오늘 공부한 내용에서 생각나는 것을 몸짓으로 표현하고 발표해 보세요.

아이들 (자신들의 생각을 몸짓으로 표현하고 발표한다.)

4. 소수의 개념 및
 소수 첫째 자리의 몸짓(개미가 좋아하는 소수)

▪ 들어가면서

1. 우리 주변에서 소수로 나타낸 것 찾아보기

2. 소수는 0보다 작은 수인가? 1보다 작은 수인가?

▪ 목표

소수의 개념을 이해할 수 있다.

▪ 준비물

분홍색 카드, 검정색 카드(검정 도화지 $\frac{1}{2}$ 크기) 10장 정도, 백지 수카드 30장(A$_4$ $\frac{1}{8}$ 크기), A$_4$ 용지 2장(개인별)

▪ 내용

$\frac{1}{10}$ 은 0.1이라는 막연한 암기식의 공부보다는 $\frac{1}{10}$ 크기를 먼저 정확하게 알고, 그 다음에 분수 $\frac{1}{10}$ 대신에 '소수'라는 것을 사용할 수 있다는 것을 알게 한다. $\frac{1}{10}$ 에 상응하는 소수가 0.1인 것을 확실하게 개념 이해를 할 수 있도록 이야기를 통해 공부한다.

▪ 활동 1 분수들 모여!

아이들 아홉 명이 $\frac{1}{2}$, $\frac{1}{3}$, $\frac{1}{4}$ …… $\frac{1}{10}$ 까지의 분수들 중에서 한 개의 분수 카드를 준비한다. (A$_4$ 용지에 분수 쓰기)

수학나라 왕 분수들, 잘 왔도다. 모두 자기의 카드를 들고 이름을 말하고 자기를 소개해 보아라.

분수들 (각자 자기의 이름을 말한다. $\frac{1}{2}$ 에서 $\frac{1}{10}$ 까지의 분수들이 일어나서 자기 소개를 한다.

예, 저는 $\frac{1}{2}$ 입니다. 즉 사과 1개를 2개로 나누면 그 중에서 1조각을 먹습니다. 예, 저는 $\frac{1}{3}$ 입니다. 사과 1개를 3개로 나누면 그 중에서 1조각을 먹습니다. 저는 $\frac{1}{2}$ 보다는 욕심이 적습니다.)

수학나라 왕 오늘 너희들 중에서 한 사람을 뽑아서 행운을 선물하겠다. 자, 내가 누구에게 행운을 선물할 것 같은가? 생각해 보렴. (기대를 갖게 시간을 좀 둔다.) $\frac{1}{10}$ 앞으로 나오너라.

■ 활동 2 행운을 얻은 $\frac{1}{10}$

수학나라 왕 내가 오늘 행운의 분수로 $\frac{1}{10}$ 을 뽑았다. 왜 내가 $\frac{1}{10}$ 을 뽑았는지 너희들이 말해 보렴.

분수들 (여러 분수들이 돌아가면서 자기들의 생각을 발표한다.)

분모의 숫자가 제일 큰 숫자라서 뽑았을 것입니다.

아니야, 그렇다면 우리한테 다른 분수 $\frac{1}{11}$ 이 있었다면 $\frac{1}{11}$ 이 분모의 수가 제일 크게 되잖아. 그래서 분모의 수가 커서 뽑았다는 것은 아닌 것 같아.

제 생각에는 $\frac{1}{10}$ 이 분모의 수로서 2개의 숫자로 되어 있기에 뽑았을 것입니다.

아니야, 그러면 만약에 다른 분수 $\frac{1}{15}$ 도 만들면 2개의 숫자가 되잖아.

수학나라 왕 나는 분모가 '10' 이라서 뽑았다. 왜 '10' 인데 뽑았을까?

분수들 (자기의 생각들을 발표한다.)

'10' 은 항상 특별한 수였어요. 분홍 풍선이 10개 되면 파랑 풍선이 되고, 파랑 풍선이 10개 되면 녹색 풍선이 되고, 녹색 풍선이 10개 되면 노랑 풍선이 되고, 항상 10개가 되면 풍선들이 터지려고 해서 이사를 갔어요. 그래서 분수 $\frac{1}{10}$ 도 특별한 무엇이 있을 것 같아요. (이런 답이 나올 수도 있을 것이다.)

수학나라 왕 수학나라에서 '10' 은 특별하단다. 분수 $\frac{1}{10}$ 도 10개가 모이면 $\frac{10}{10}$ 이 되어서 1이 되잖아. 그래서 뽑았다. 그런데 개미같이 땅바닥에서 기어다니는 동물은 분수처럼 수를 길게 표현하는 것을 무척 싫어한단다. 분수를 사용하는 것을 싫어하는 동물들을 위해서 $\frac{1}{10}$ 대신에 사용할 수 있는 0.1이라는 소수를 만들었단다. 읽을 때는 '영점 일' 이라고 읽는다. 그러면 소수 0.1이 10개가 모이면 얼마가 될까?

분수들 0.1은 $\frac{1}{10}$, $\frac{1}{10}$ 이 10개이므로 $\frac{10}{10}$ 즉 1이 됩니다.

수학나라 왕 얘들아, 그러면 0.1이 10개 모이면 자연수로 얼마가 될까?

분수들 1이 됩니다.

수학나라 왕 0.1이 10개 모여서 1이 된다면 우리들이 사용한 색카드와 비교해서 어떤 생
각이 떠오르지 않아요? 소수 0.1도 색카드가 필요할까? 필요하다면 왜 필요할까?

분수들 (10개가 되어서 다른 수가 되니까 소수 0.1도 색카드가 필요해요.)

수학나라 왕 소수 0.1에게는 어떤 색카드를 줄까?

분수들 (여러가지 생각을 발표한다.)

수학나라 왕 소수에게도 색카드를 주자. 0.1일 때 검정색 카드를 주겠다. 0.2일 때는 검정
색 카드 몇 장이 될까?

분수들 ('2장입니다' 등 답하기)

수학나라 왕 검정색 카드가 9장이 나와서 줄을 서 보렴. 얼마일까?

분수들 ('0.9입니다' 등 답하기)

수학나라 왕 검정색 카드가 1장이 더 나와서 10장이 줄을 서 보렴. 얼마일까?

분수들 ('1이 되어서 분홍색 카드 1장이 나와서 섭니다' 등 발표하면서 색카드로 서 보기)

수학나라 왕 1.2에 해당하는 색카드를 들고 나와서 줄을 서 보렴.

분수들 (분홍색 카드 1장, 검정색 카드 2장이 들고 나와서 줄을 선다.)

▪ 활동 3 새로운 소수 이름 붙여 주기

교실 바닥에 1센티미터를 3미터 정도 확대해서 그려 둔다.

교사 여러분, 내가 1센티미터 길이를 하나 줄 테니 그 안에 있는 길이들에게 새로운 이
름을 좀 붙여 주세요. 여러분이 생각하기 쉬우라고 내가 1센티미터를 아주 확대해
서 보여 줄게요.

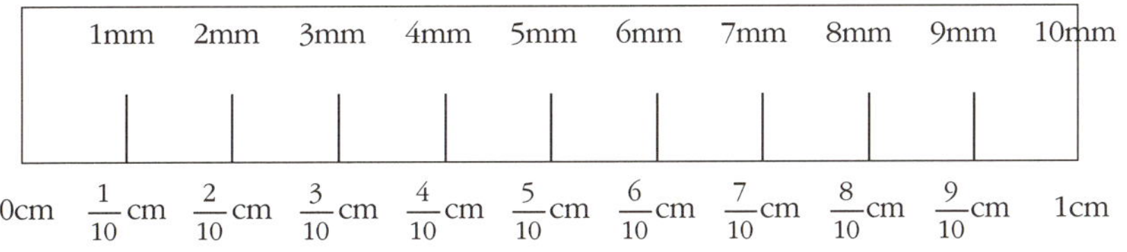

이 확대한 자를 보고 처음에는 분수를 들고 가서 서 있고 그다음에 여러분이 새로
운 이름 소수를 붙여 보세요.

아이들 알았어요. 우리가 새로운 이름을 붙여 볼게요. 아래와 같이 새로운 이름 소수를
붙였어요.

mm	분수	새로운 이름(소수)
1mm	$\frac{1}{10}$ cm	0.1cm
2mm	$\frac{2}{10}$ cm	0.2cm
3mm	$\frac{3}{10}$ cm	0.3cm
4mm	$\frac{4}{10}$ cm	0.4cm
5mm	$\frac{5}{10}$ cm	0.5cm
6mm	$\frac{6}{10}$ cm	0.6cm
7mm	$\frac{7}{10}$ cm	0.7cm
8mm	$\frac{8}{10}$ cm	0.8cm
9mm	$\frac{9}{10}$ cm	0.9cm
10mm	$\frac{10}{10}$ cm	1cm

교사 놀이를 해 보아요. (위의 분수, 소수 자) 한 사람이 분수를 부르면, 다른 한 사람은 거
기에 맞는 소수를 말하고 자리에 빨리 가서 서는 놀이입니다.

아이들 (순서대로 돌아가며 분수를 말하고 다른 아이들은 재빨리 소수 자리에 가서 선다.)

$\frac{1}{10}$ 이 1개 (　　　)

$\frac{1}{10}$ 이 5개 (　　　)

$\frac{1}{10}$ 이 3개 (　　　)

$\frac{1}{10}$ 이 4개 (　　　)

$\frac{2}{10}$ 가 1개 (　　　)

$\frac{3}{10}$ 이 1개 (　　　)

$\frac{1}{10}$ 이 6개 (　　　)

$\frac{1}{10}$ 이 7개 (　　　)

$\dfrac{1}{10}$ 이 9개 (　　　　)

$\dfrac{1}{10}$ 이 8개 (　　　　)

■ 활동 4　몸짓수로 소수 표현하기

몸짓수 놀이　교사가 수카드로 수를 보이면 약속한 몸 부위를 두드리기

· 준비_교사용 수카드

· 활동

1. 약속하기 : 엉덩이 – 0.1(소수 첫째 자리), 허리춤 – 일의 자리

2. 교사가 수카드로 수를 보인다. (예 : 0.3)

3. 아이들은 그 수만큼 양손으로 엉덩이를 3번 친다.

4. 0.9이면 엉덩이 9번, 1.5일 때는 허리 1번, 엉덩이 5번 치기

5. 1.5를 모두 엉덩이에 쳐 보기

6. 교사가 제시하는 수에 따라 엉덩이, 허리를 치면 된다.

■ 정리　의미 찾기

교사　소수에 대한 나의 생각을 몸짓으로 표현하고 발표하세요.

아이들　(각자의 생각을 몸짓으로 표현하고 발표한다.)

tip

소수 개념을 처음 배우는 단계이다. 아이들은 분수보다 소수 개념을 더 어렵게 느끼고 있다. 개념을 억지로 주입시키려 애쓰기 보다는 놀이나 몸짓 소수 표현을 많이 하는 것이 효과적이다. 활동 가운데서 점차 소수의 개념을 알아가는 아이들의 모습을 볼 수 있을 것이다.

5. 진분수, 대분수, 가분수의 개념
(분모를 중심으로)

▪ 들어가면서

  1. 진분수, 대분수는 무엇일까? 가분수는 무엇일까?

  2. 빵 3개를 2명이 똑같이 나누어 먹었다. 먹은 양을 자연수로 나타낼 수 있을까?

▪ 목표

  진분수, 대분수와 가분수의 개념을 이해할 수 있다.

▪ 준비물

  분수 막대 20장 정도(A_4 용지를 가로로 4 혹은 8등분한 종이)

▪ 내용

  이야기와 분수 막대를 드는 활동을 통해서 진분수와 대분수와 가분수의 차이점을 이해하도록 한다.

▪ 활동 1 소시지 주기

  호랑이는 교사가 맡고, 전체 학생이 다 참여한다.

  아이가 소시지 10개를 들고 산에 간다.

  호랑이 소시지 $\frac{1}{4}$ 주면 안 잡아먹지.

  아이 여기 있다. $\frac{1}{4}$ (종이 소시지를 잘라서 준다.)

  호랑이 소시지 $\frac{3}{4}$ 주면 안 잡아먹지. (새로운 종이 소시지를 잘라서 준다.)

  아이 여기 있다. $\frac{3}{4}$ (새로운 종이 소시지를 잘라서 준다.)

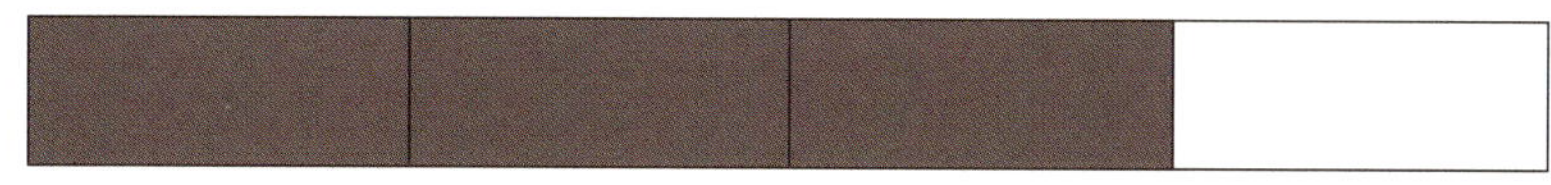

호랑이 소시지 $\frac{4}{4}$ 주면 안 잡아먹지.

아이 여기 있다. $\frac{4}{4}$ (새로운 종이 소시지를 잘라서 준다.)

호랑이 으흥, 이건 소시지 1개인데 왜 잘라서 줘. 잡아먹을까 보다.

아이 호랑이 네가 $\frac{4}{4}$ 라고 해서 잘랐지.

호랑이 그러기에 내 말을 끝까지 잘 들어야 된다. $\frac{3}{4}$ 까지는 진분수이지만 $\frac{4}{4}$ 가 되어 분자가 분모와 같거나 분자가 더 크면 가분수가 되는 거야. 알겠어. 말해 봐. 진분수, 가분수가 뭔지.

아이들 (자기의 생각을 발표한다.)

호랑이 소시지 $\frac{5}{4}$ 주면 안 잡아먹지.

아이 어떻게 해야 되지? 분모가 4일 때는 소시지를 4개로 잘라야 되는데 $\frac{5}{4}$ 는 도대체 어떻게 하는 거지?

호랑이 소시지 1개를 4개로 자른 것 중에서 4개는 $\frac{4}{4}$ 이고, $\frac{5}{4}$ 일 때는 $\frac{1}{4}$ 이 더 필요한 거지.

아이 그러면 이렇게 주면 되겠구나.

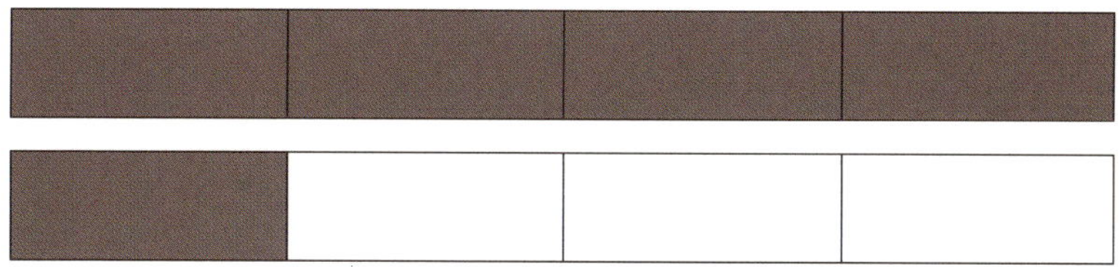

호랑이 으흥, 위의 것은 소시지 1개인데 왜 잘라서 줘. 잡아먹을까 보다.

아이 호랑이 네가 분모 4를 부르는 순간 소시지를 4개로 잘랐지 뭐야.

호랑이 그러기에 내 말을 끝까지 잘 들어. $\frac{5}{4}$ 중에서 $\frac{4}{4}$ 는 1이니까 자르지 말고 1개로 주고, 나머지만 잘라서 줘. 알았지? 그것이 바로 대분수야. 알았어?

아이 다음부터는 대분수를 사용해서 $1\frac{1}{4}$ 을 달라고 하렴.

호랑이 소시지 $\frac{7}{4}$ 주면 안 잡아 먹지.

아이 그러면 $\frac{4}{4}$ 는 1이니까 안 자르고 주고 나머지 $\frac{3}{4}$ 을 주면 되겠구나. $1\frac{3}{4}$ 이라고 말해 주렴.

호랑이 옳지, 잘한다. 너희들 내 친구 하자. 소시지 $\frac{8}{4}$ 주면 안 잡아먹지.

아이 나는야 천재. 하나를 가르쳐 주면 둘을 알지. $\frac{4}{4}$ 가 1이고, 또 $\frac{4}{4}$ 가 1이고, 그래서 소시지 2개이구나.

여기 있다 $\frac{8}{4}$. 2라고 하면 더 좋아.

호랑이 나보다 더 잘하겠네. 하나만 더 해 보자. 소시지 $\frac{9}{4}$ 주면 안 잡아먹지.

아이 나는야 천재. 하나를 가르쳐 주면 열을 알지. $\frac{4}{4}$ 가 1이고, 또 $\frac{4}{4}$ 가 1이고, 그리고 $\frac{1}{4}$ 이 남고. 소시지 2개 하고 $\frac{1}{4}$ 이구나.

여기 있다, $\frac{9}{4}$ 그리고 $2\frac{1}{4}$ 이라고 하면 더 편해.

호랑이 넌 $\frac{5}{4}$ 가 생각하기 편했어? 아니면 $1\frac{1}{4}$ 이 편했어?

아이 물론 $1\frac{1}{4}$ 이 편했지. 소시지 $\frac{5}{4}$ 로 자르다가 호랑이 밥이 될 뻔했잖아.

호랑이 알았어. 그러면 다음부터는 $\frac{4}{4}$, $\frac{5}{4}$, $\frac{9}{4}$ 같은 가분수가 나오면 1, $1\frac{1}{4}$, $2\frac{1}{4}$ 이렇게 자연수나 대분수로 고쳐서 말해 줄게.

아이 고마워. 가분수는 꼭 대분수로 고쳐 주렴. 다시 만나, 안녕.

■ 활동 2 놀이

'아이 엠 그라운드 가분수, 대분수 놀이'

· 활동

1. 도미노 순서로 돌아간다. 교사 대 아이로 전체 활동도 좋다.

2. '아이 엠 그라운드 대분수 가분수 놀이' 한 후 교사가 대분수를 부른다.

3. 아이들은 대분수를 가분수로 고쳐서 부른다.

4. 이번에는 '아이 엠 그라운드 가분수 대분수 놀이' 한 후 교사가 가분수를 부른다.

5. 도미노 순서로 돌아가면서 가분수에 알맞은 대분수를 부르는 놀이이다.

'나는 여러분을 사랑합니다, 그중에서 ○○을 가장 사랑합니다' 놀이

· 준비_백지 카드, 강의 대형으로 활동해도 좋다.

· 활동

1. 각자 진분수, 대분수, 가분수 중에서 한 가지를 종이에 적는다.

2. 교사가 "나는 여러분을 사랑합니다. 그중에서 대분수를 가장 사랑합니다." 하면 대분수를
   쓴 아이들은 모두 일어서서 자리를 바꾼다.

3. 제일 늦게 자리를 바꾼 아이가 술래가 된다.

4. 술래가 다시 놀이를 진행하면 된다.

■ 정리 의미 찾기

교사 진분수, 대분수, 가분수에 대한 생각을 몸짓으로 표현하고 발표하세요.

아이들 (자신의 생각을 몸짓으로 표현하고 발표한다.)

6. 소수 둘째 자리의 크기와 몸짓
(호랑이 새끼가 먹은 것)

▪ 들어가면서

　1. 어떤 상황에서 소수를 사용했는가? 소수를 읽은 경험 발표하기

　2. 소수 첫째 (한) 자리는 무슨 뜻인가? 몸짓으로 어디 부분이었나?

▪ 목표

　소수 둘째, 셋째(두 자리, 세 자리) 자리가 갖는 위치나 크기를 이해할 수 있다.

▪ 준비물

　종이 카드(A_4 용지 가로 2등분 크기) – 개인별 4장, 가위

▪ 내용

　소수는 어려운 개념이다. 계산으로만 공부하면 아이들이 소수의 개념을 갖기가 힘들다. 일상생활에서 소수를 자주 사용하는 측정 단위와 함께 이야기 속의 활동에 참여해 보면서 소수의 개념을 잘 이해할 수 있게 만들었다. 소수 두 자리와 소수 세 자리까지도 이야기 속에서 이해할 수 있게 만들었다. 아울러 몸짓으로 소수를 공부하면 소수가 십진수임을 쉽게 이해하는 모습을 보게 된다.

▪ 활동 1 　산속에서 1미터 길이의 소시지를 발견한 10마리 호랑이 형제들

　일호는 교사가 맡고, 아이들은 호랑이도 되고, 교실 친구들도 되는데 교사가 융통성 있게 잘 이끌어 가도록 한다.

　긴 종이를 준비하거나 긴 털실을 준비해서 1미터짜리 소시지로 상상을 한다. A_4 가로의 $\frac{1}{2}$ 길이를 0.1미터 소시지로 생각하고 활동한다.

　일호　먹을 음식이 이렇게도 없으니 우리 모두 굶어 죽겠다. 큰일 났구나. 어 저게 뭐야?

저기 1미터 길이 소시지가 보이네. 우리 호랑이가 10마리이니 호랑이 한 마리가 1미터짜리 소시지를 10등분으로 잘라서 가지도록 하자. 자 여기 있으니 가져라.

일호	이호	삼호	사호	오호	육호	칠호	팔호	구호	십호

0m   1m

아이들 (소시지 $\frac{1}{10}$ 미터씩을 받는다. 호랑이 10마리가 각각 A_4 가로 $\frac{1}{2}$ 용지를 들고 나와서 선다.)

일호 너희들이 받은 소시지 길이를 큰 소리로 외쳐라. 그리고 몸짓으로도 표현해 보렴. 사자들이 듣고 무서워 도망가게.

아이들 (아이들 10명이 차례대로 돌아가면서 $\frac{1}{10}$ 미터라고 크게 외친다. 그리고 엉덩이를 치면서 $\frac{1}{10}$ 미터라고 크게 외친다.)

일호 아니 어디서 사자 소리가 크게 나잖아. 맞아, 분수는 모르고 소수만 알아듣는 사자야. 애들아, $\frac{1}{10}$ 미터를 소수로 고쳐서 말해 봐.

아이들 (아이들 10명이 차례대로 돌아가면서 0.1미터라고 크게 외친다. 그리고 엉덩이를 치면서 0.1미터라고 크게 외친다.)

일호 애들아, 소시지 마음 놓고 먹어라. 그런데 왜 소시지를 안 먹고 있어? 왜 너희들 눈에 눈물이 글썽거리니? 새끼들이 생각나서 소시지를 먹을 수 없다고? 그래도 배가 고프잖아. 차라리 안 먹고 새끼 10마리에게 갖다 주겠다고? 정말 너희들은 착한 내 형제 호랑이들이구나. 그래 너희들 새끼들이 모두 10마리씩이지? 0.1미터를 가지고 가서 새끼들에게 가서 나누어 주렴.

▪ **활동 2** 호랑이들이 새끼들에게 소시지를 주다

일호는 교사가 맡고, 아이들은 호랑이도 되고, 교실 친구들도 되는데 교사가 융통성 있게 잘 이끌어 가도록 한다.

일호 내 형제 호랑이들이 자신은 아무것도 먹지 않고 새끼 10마리에게 똑같이 나누어 주는구나. 나도 내 새끼 10마리들에게 똑같이 나누어 주어야지. 친구들아, 너희들도

40

나누는 것을 같이 해 봐.

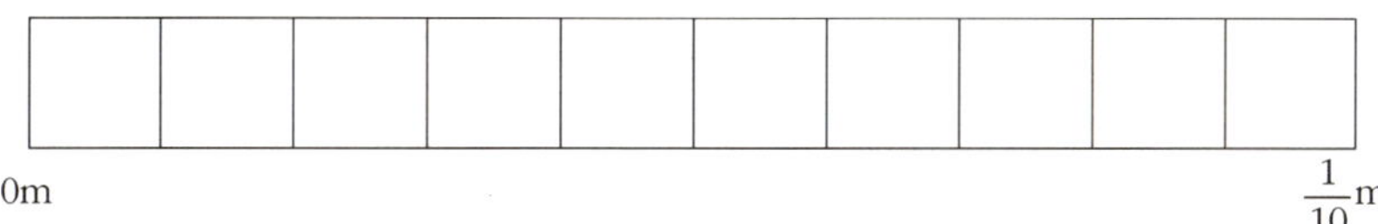

0m $\qquad$ $\frac{1}{10}$m

아이들 (모두 호랑이가 되어 $\frac{1}{10}$ 미터를 가지고 또 10등분해서 자른다.)

일호 사랑하는 호랑이들아, 우리 새끼들이 합하여 모두 몇 마리지?

아이들 모두 100마리입니다.

일호 100마리 새끼들이 소시지 1미터를 모두 나누어 가졌구나. 1미터를 100마리가 나누어 가졌으니 분수로 말하면 얼마나 될까? $\frac{1}{100}$ 미터씩 가졌구나.

솔직히 말해서 내가 배는 조금 고프긴 하지만, 내 새끼들이 잘 먹는 것을 보니까 배가 고픈 줄을 모르겠다. 사호 새끼들아, 너희들이 받은 소시지가 각각 얼마인지 큰 소리로 말해 봐. 그리고 몸짓으로도 표현해 봐. 사자들이 듣고 놀라서 도망 가게.

아이들 (아이들 10명이 나와서 차례대로 돌아가면서 $\frac{1}{100}$ 미터라고 크게 외친다. 아이들이 무릎에 손을 대면서 $\frac{1}{100}$ 미터라고 크게 외친다. *몸짓을 모르면 바로 알려 준다.)

일호 아니 어디서 사자들 소리가 크게 나잖아. 맞아, 사자들은 우리가 분수로 말하면 못 알아들어. 다시 $\frac{1}{100}$ 미터를 소수로 고쳐서 말해 봐.

아이들 ($\frac{1}{100}$ 미터를 어떻게 소수로 고쳐야 하는지 모르겠다는 표정들이다.)

일호 옳아, 너희들이 $\frac{1}{100}$ 을 소수로 어떻게 말하는지 모르는구나. 생각해 보자.

$\frac{1}{10}$ 을 우리가 0.1이라고 했지. 그 $\frac{1}{10}$ 을 또 10개로 나누었잖아. 그러면 $\frac{1}{100}$ 이 되고 소수는 0.01(영점영일)이라고 하는 거야. 사호 새끼들아, 너희들이 받았던 소시지를 말해 보렴.

아이들 (아이들 10명이 차례대로 돌아가면서 0.01미터라고 크게 외친다. 그리고 무릎에 대고 외친다.)

일호 칠호 새끼들아, 너희들이 받은 소시지의 양도 큰 소리로 말해 봐.

아이들 (아이들 10명이 차례대로 돌아가면서 0.01미터라고 크게 외친다.)

일호 새끼들아, 많이 먹어라. 내 형제 호랑이들이 기운이 없어 보이는구나.

일호는 교사가 맡고, 아이들은 호랑이도 되고, 교실 친구들도 되는데 교사가 융통성 있게 잘 이끌어 가도록 한다.

일호 내 형제들이 굶어서 죽어 가는구나. 가슴이 아프다. 그런데 삼호야, 넌 이제 기운이 좀 나는 것 같구나. 뭐라고? 네 새끼 10마리들이 나가서 아주 적은 음식을 가져와서 먹었다고? $\frac{1}{100}$ 미터를 또 10개로 나눈 것처럼 적은 양이었다고?

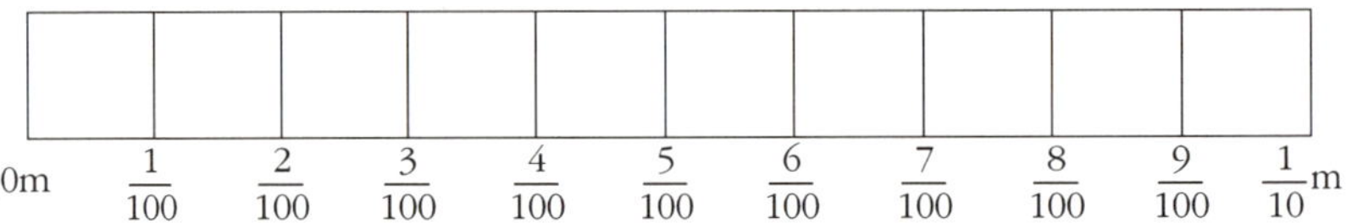

그건 1미터를 몇 개로 나눈 걸까? 도대체 그건 소수로 얼마라고 할 수 있을까? 친구들아, 좀 도와줘.

아이들 (아이들이 각자의 생각대로 설명을 한다.)

일호 $\frac{1}{100}$ 을 또 10개로 나누면 $\frac{1}{1000}$ 이 돼.

$\frac{1}{100}$ 의 칸을 10개로 나누었는데 그 10개의 칸이 100개 있으니 칸은 1000개가 된다. 즉 1미터를 1000개로 나눈 것이고 작은 것은 $\frac{1}{1000}$ 미터가 되는 것이지. $\frac{1}{1000}$

은 소수로 0.001이 된다. 아주 적은 0.001미터의 음식을 가져왔구나. 그런데도 괜찮았니? 아, 0.001미터는 적은 양이지만 새끼 10마리가 0.001미터를 가져와서 먹고 기운이 났다고? 그런데 0.001미터가 10개 모이면 얼마가 될까? 잘 모르면 이따가 몸짓수 놀이할 때 다시 알아보도록 하렴.

▪ 활동 4 **몸짓수 놀이**

몸짓수 놀이 교사가 수카드로 수를 보이면 약속한 몸 부위 두드리기

· 준비_교사용 수카드

· 활동

1. 약속하기 : 발등 – 소수 셋째 자리(0.001), 무릎 – 소수 둘째 자리(0.01)

 엉덩이 – 소수 첫째 자리(0.1), 허리 – 일의 자리(1)

 가슴(팔춤) – 십의 자리(10), 어깨 – 백의 자리(100), 머리 – 천의 자리(1000)

2. 교사가 수카드로 수를 보인다. (예 : 0.09)

3. 아이들은 그 수만큼 양손으로 무릎을 9번 친다.

 (0.001이 10개일 때는 어디에 칠까? 0.01이 10개일 때는 어디에 칠까? 0.1이 10개일 때는 어디에 칠까?)

4. 0.25일 때는 엉덩이 2번 치기, 무릎 5번 치기

5. 0.25를 모두 무릎으로 치기 : 무릎 25번 치기

6. 0.257을 몸짓으로 나타내기.

7. 앞의 호랑이 먹이 이야기를 조금씩 변형하면서 몸짓수 놀이를 다양하게 계속 합니다.

▪ 정리 **의미 찾기**

교사 친구들아, 0.1($\frac{1}{10}$)에게 별명을 지어 주렴. 또 0.01($\frac{1}{100}$)에게, 또 0.001($\frac{1}{1000}$)에게도 별명을 지어 주렴.

아이들 (별명을 지어 주고 그 이유도 말한다.)

소수 둘째 셋째 자리를 쉽게 이해한다는 것은 쉬운 일은 아니다. 많이 사용해 보는 가운데 서서히 이해를 할 수 있게 된다. 이야기를 통해서 아이들의 참여를 유도하는 것은 중요한 일이다. 드라마를 통한 학습이 실제의 구체물보다 학습을 잘할 수 있다고 비고츠키는 이중정의의 이론에서 말했다. 그리고 둘째 자리에서 잘 모르면 그 부분을 두고 집중적으로 잘라 보고 소수 이름을 붙여 보고 하는 것이 중요하다. 아이들이 자리에 앉아서 하는 것보다 사호 집 새끼들 10명이 나와서 받은 소시지 양을 말해 보게 하는 것도 이해를 도와주는 방법이 된다. (말은 움직임을 동반하고, 움직임은 뇌를 활성화시킨다. 또 아이들은 앞에 나온다는 자체만으로도 긴장을 하고 학습활동에 집중을 한다. 또 앉아 있는 학습자들도 친구들의 모습을 더 자세히 듣고 보게 된다.) 혹시 이해가 좀 부족하더라도 몸짓수로 넘어가는 것이 좋은 방법이 된다. 몸짓수를 여러 번 하는 가운데 소수의 십진수 체계를 자연스럽게 체득할 수도 있기 때문이다. 두 가지 방법의 상호작용을 통해서 이해를 촉진시킬 수 있다

* 색종이 한 장을 가로 10칸, 세로 10칸으로 접어서 색종이 한 장은 1, 한 줄은 0.1, 한 칸은 0.01이 되는 것을 해 보고, 공책에 붙여 놓는 것도 중요하다. 그 0.01이 ($\frac{1}{100}$)을 또 10개로 나눈 것 중의 한 개는 얼마가 될까?

7. 동분모 분수의 덧셈과 뺄셈
(어! 더하기와 빼기를 안 해)

▪ 들어가면서

　1. 분수를 사용하는 상황을 예를 들어 말해 보기

　2. 분수도 덧셈과 뺄셈을 할 수 있을까?

▪ 목표

　분모가 같은 분수끼리의 덧셈, 뺄셈을 계산하는 방법을 이해할 수 있다.

▪ 준비물

　분수 막대 20장(A$_4$ 가로로 4등분), 백지 수카드 30장(A$_4$ $\frac{1}{8}$ 크기)

▪ 내용

　분모가 같은 분수의 덧뺄셈에서 자칫하면 분모끼리도 더하고 빼는 잘못을 저지르게 된다. 그렇게 하지 않도록 상황을 통해 동분모 분수의 덧셈, 뺄셈 개념을 잘 이해하게 하고, 또한 분모는 '1'을 나눈 모습임을 알게 도와준다.

▪ 활동 1 　욕심 많은 돼지

　할머니는 교사가 맡고, 다른 역할은 아이들이 맡는다. (역할 맡은 아이에게 대본을 준다.) 돼지와 개를 아이들이 두 편으로 나누어 다 같이 맡을 수도 있다. 식빵에 관계되는 분수는 꼭 분수 막대(종이 카드)를 이용하고 색칠도 하도록 한다.

할머니　돼지야, 너는 많이 먹으니까 네게 식빵 　$\frac{2}{5}$　개를 주겠다.

돼지　할머니, 식빵 1개를 다 주시지 왜 　$\frac{2}{5}$　개를 줘요.

할머니　그래도 개보다 많이 주는 것이니까 잔소리 말고 가만 있어.

　　개야, 넌 아무래도 돼지보다는 적게 먹으니까 네게는 식빵 　$\frac{1}{5}$　개를 줄게.

개 괜찮아요, 할머니. 잘 먹을게요.

할머니 잠깐, 너희들 받는 빵이 합해서 얼마인지 수학나라 말로 표현해 주렴. 잘하는 사람에게는 빵 $\frac{1}{5}$ 개를 더 주고 못하는 사람은 갖고 있는 것에서 $\frac{1}{5}$ 개를 도로 내놓아야 한다.

돼지 돼지가 먼저 할게요. 빨리 맞춰서 빵을 더 받아야겠어요. 덧셈은 무조건 더하면 되니까 분모는 분모끼리 더하고, 분자는 분자끼리 더해야죠. 꿀꿀! 빵 $\frac{1}{5}$ 개는 내 것이다. 여기 수학나라 말 있어요, 할머니.

$$\frac{2}{5} + \frac{1}{5} = \frac{3}{10}$$

할머니 땡.

돼지 할머니, 왜 그러세요. 왜 저를 미워하시죠?

개 이상하다. 돼지의 수학나라 말이 틀렸다고? 그럼 나는 그림부터 그려 볼 거야.

돼지 것 $\frac{2}{5}$

내(개) 것 $\frac{1}{5}$

합하면 $\frac{3}{5}$

합하면 $\frac{3}{5}$ 이 되는구나. 그러면 수학나라 말은 $\frac{2}{5} + \frac{1}{5}$ 에서 분자는 2와 1을 합해서 3이 되고, 분모는 5와 5를 합하지 않고 그대로 둬야 5가 되어서 $\frac{3}{5}$ 이 되겠구나. 앗싸, 알았다.

할머니, 수학나라 말로 표현했어요.

$$\frac{2}{5} + \frac{1}{5} = \frac{3}{5}$$

할머니 딩동댕. 자 개야, 빵 $\dfrac{1}{5}$ 개를 더 받아라.

개 고맙습니다. 이렇게 복이 굴러드네요. 그럼 내가 받은 빵은 모두 얼마가 될까? 돼지
    야, 알아맞혀 봐.

돼지 알았어. 그림을 그려서 해 볼게.

개가 처음 받은 빵 $\dfrac{1}{5}$

개가 상으로 받은 빵 $\dfrac{1}{5}$

합하면 $\dfrac{2}{5}$

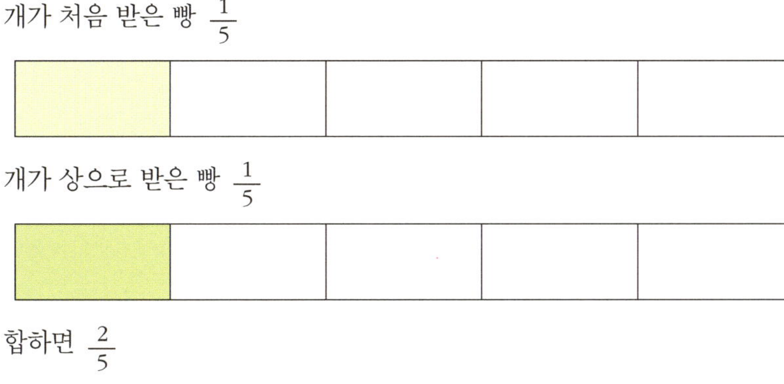

그러면 빵은 합해서 $\dfrac{2}{5}$ 개가 되는구나.

할머니, 수학나라 말 여기 있어요.

$$\boxed{\dfrac{1}{5}} \ + \ \boxed{\dfrac{1}{5}} \ = \ \boxed{\dfrac{2}{5}}$$

할머니 잘했다, 꿀꿀아.

개 그런데, 왜 분수의 덧셈에서는 분모는 더하지 않고, 분자만 더해야 되는지 친구들아,
    좀 말해줘.

아이들 (자기들의 생각을 발표한다.)

돼지 그림을 그려 보면 금방 알 수 있는데 돼지 욕심 때문에 망했다. 괜찮아, 착한 개가
    내게 빵을 줄 거야. 그렇지 개야?

▪ 활동 2 역시 개가 착하네

꼭 분수 막대(종이 카드)를 이용하고 색칠도 하도록 한다.

개 돼지야, 사실 나는 너보다 작으니까 많이 안 먹어. 할머니, 제가 돼지에게 식빵을 좀
   줘도 되겠지요?

할머니 역시 착한 멍멍이구나. 그런데, 돼지한테 수학나라 말을 받고 주도록 하렴.

개 돼지야, 내가 가진 빵 $\frac{2}{5}$ 개에서 너에게 $\frac{1}{5}$ 개를 주려고 해요. 그러면 내 것은 얼마
   가 되는지 돼지 네가 수학나라 말을 써서 가지고 오렴.

돼지 고맙다, 멍멍아. 빵을 준다는 데 얼른 해야지. 먼저 그림을 그리자.

개한테 지금 있는 빵 $\frac{2}{5}$

나에게 주는 빵 $\frac{1}{5}$

개한테 남는 빵 $\frac{1}{5}$

수학나라 말은

$$\frac{2}{5} - \frac{1}{5} = \frac{1}{5}$$

개 맞았다. 역시 우리 돼지가 최고. 빵 $\frac{1}{5}$ 개 여기 있어.

돼지 오늘 분수 그림 잘 그려서 빵 많이 먹는다. 내 생애 최고의 날이다. 그런데 왜 분수
   의 뺄셈에서도 분모끼리는 빼 주지 않고, 분자끼리만 빼기를 하는지 친구들아, 이
   유를 좀 말해 줘.

아이들 (자기들의 생각을 발표한다.)

교사 분수에서 분모를 보며 우리는 무엇을 생각합니까?

아이들 '1'을 어떻게 나눌까 생각합니다.

교사 분모는 나누어진 모습이므로 더하지 않습니다.

■ 활동 3 놀이

> **상어 놀이** 상어가 보여 주는 분수를 보고 분수 빼기를 해서 단위 분수, 즉 분자가 1이 되게 만들기
>
> · 준비_백지 수카드(A$_4$ $\frac{1}{8}$ 크기), 아이 한 명이 10장씩 준비한다.
>
> · 활동
>
> 1. 상어가 $\boxed{\frac{3}{4}}$ 을 들고 "두두두두" 한다.
> 2. 아이들은 모두 $\boxed{\frac{2}{4}}$ 를 들고 $\frac{2}{4}$ (사분의 이) 하고 외친다. $\frac{3}{4}$ 에서 $\frac{2}{4}$ 를 빼면 $\frac{1}{4}$ 이 되기 때문이다.
> 3. 이때 제대로 못한 아이들은 술래(상어)가 되든지 교사가 적당한 벌(뽐내기)을 주도록 한다.
> 4. 분수를 바꿔서 계속 놀이를 한다.

> **분수 손뼉 치기 놀이** 분수 손뼉 치기를 통해서 분수의 덧셈, 뺄셈을 한다.
>
> · 준비물_없음(* 분수 손뼉 치기 : 2학년 2학기 분수 참고하기), 교사용 분수 식카드
>
> · 활동
>
> 1. 교사가 $\boxed{\frac{3}{5} - \frac{2}{5}}$ 분수 식카드를 보여 준다.
> 2. 아이들은 손뼉 5번을 치고, 손등 3번을 먼저 친다.
> 3. 그다음 손등 2번을 밖으로 주는 모습으로 치기를 한다.
> 4. 마지막으로 손등 1번을 치면서 ' $\frac{1}{5}$ ' 하고 소리 낸다.
> 5. 교사가 보여 주는 분수 뺄셈식으로 계속 놀이한다.

■ 정리 의미 찾기

교사 얘들아, 분수의 덧셈, 뺄셈하는 방법을 노래로 만들어 보렴. (학교 종, 나비야, 송아지 등에 노래를 덧입힌다.)

아이들 (모둠끼리 노래를 만들어 발표한다.)

8. 대분수의 덧셈과 뺄셈 (분홍 카드가 눈에 띄네)

▪ 들어가면서

　1. 대분수는 어떤 분수인가? 예를 들어 보기

　2. 대분수도 덧셈, 뺄셈을 할까?

▪ 목표

　대분수끼리의 덧셈, 뺄셈을 계산하는 방법을 이해할 수 있다.

▪ 준비물

　교사 : 분홍 색카드($\frac{1}{2}$ 크기), 백지 수카드 30장(A$_4$ $\frac{1}{2}$크기)

　학생 : 백지 수카드 30장(A$_4$ $\frac{1}{8}$크기), 분수 막대 종이 카드 10장 정도(A$_4$ 용지를 가로로 4등분한 종이), 분홍색 색카드 여러 장($\frac{1}{16}$ 도화지)

▪ 내용

대분수의 덧셈, 뺄셈에서 중요한 것은 우선 대분수의 개념이다. 대분수는 자연수와 분수로 이루어졌다는 개념을 확실하게 알면 대분수의 덧셈, 뺄셈을 간단하게 해결할 수 있다. 막연히 대분수란 모양만 인지할 뿐이지 그것이 자연수와 분수로 이루어졌다는 개념이 아이들에게 부족하다. 그런 아이들을 위해서 대분수 중에서 자연수 부분에 일의 자리 자연수를 나타내는 분홍색 카드를 사용하면 아이들이 금방 이해하는 모습을 볼 수 있다. 대분수를 나타낼 때 자연수 부분을 분홍색으로 나타내고 덧셈, 뺄셈에서도 분홍색으로 사용하면 대분수의 계산을 쉽게 하게 된다.

▪ 활동 1 　대분수 카드를 들고 서 보기

　분수 카드를 들고 서 보기

교사 여러분, $2\frac{1}{4} + 1\frac{2}{4}$ 이라 써 있는 수학나라 카드를 들고 서 보세요. (교사가 수카드를 미리 준비한다.)

아이들 (대표로 들고 나와서 서기도 하고 앉아 있는 아이들은 자기 자리에서 수학나라 카드를 놓는다.)

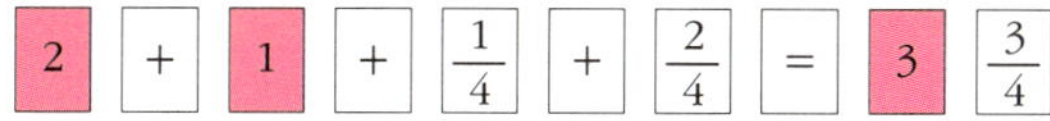

교사 얘들아, $2\frac{1}{4}$ 에서 왜 2 는 분홍색 카드에 2를 썼나요?

아이들 (자기의 생각을 발표한다. $2\frac{1}{4}$ 에서 2는 자연수이기 때문이다.)

교사 그러면 이 대분수의 덧셈을 하려면 어떻게 해야 할까요? 수학나라 카드를 든 여러분들이 모습을 보여 주세요.

아이들 (카드를 들고 움직이면서 모습을 보인다.)

교사 대분수의 덧셈은 어떻게 해야 됩니까?

아이들 (자기의 생각을 발표한다.)

▪ **활동 2** 합이 가분수가 되는 대분수 덧셈
분수 카드를 들고 서 보기

교사 여러분, $3\frac{3}{4} + 1\frac{2}{4}$ 의 수학나라 카드를 들고 서 보아요. (교사가 수카드를 미리 준비한다.)

아이들 (대표로 들고 나와서 서기도 하고 앉아 있는 아이들은 자기 자리에서 수학나라 카드를 놓는다.)

교사 그러면 이 대분수의 덧셈을 하려면 어떻게 해야 할까? 수학나라 카드를 든 여러분들이 모습을 보여 주세요.

아이들 (카드를 들고 움직이면서 모습을 보인다.)

$$3 \;+\; 1 \;+\; \frac{3}{4} \;+\; \frac{2}{4} \;=\; 4 \;\; \frac{5}{4} \;=\; 5 \;\; \frac{1}{4}$$

교사 왜 $4\ \frac{5}{4}$ 에서 $5\ \frac{1}{4}$ 이 되었나요?

아이들 (자기들의 생각을 발표한다.)

교사 그렇지요. $\frac{5}{4}$ 는 가분수이니 그대로 있으면 안 되고 $1\frac{1}{4}$ 의 대분수로 바꿔야 하지요.

- **활동 3** 어떤 대분수가 큰지 비교하기

분수 카드를 들고 서 보기

교사 여러분, 그러면 $3\frac{2}{4}$ 와 $1\frac{3}{4}$ 중에서 어떤 대분수가 얼마나 더 큰지 비교해 보세요. 어떻게 하면 될까요?

아이들 (자기들의 생각을 발표한다.)

교사 그렇지요. 우선 자연수만 비교해 봐도 $3\frac{2}{4}$ 가 크다는 것을 알 수 있어요. 그러면 $3\frac{2}{4}$ 가 얼마나 큰지 알려면 어떻게 해야 할까요?

아이들 큰 대분수에서 작은 대분수를 빼고 남는 부분이 바로 많은 것입니다. (대표로 들고 나와서 서기도 하고 앉아 있는 아이들은 자기 자리에서 수학나라 카드를 놓는다.)

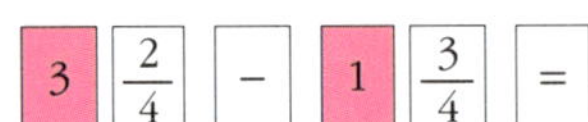

교사 그런데 $\frac{2}{4}$ 에서 $\frac{3}{4}$ 을 뺄 수가 없네요. 어떻게 하면 좋을까요?

아이들 $3\ \frac{2}{4}$ 대분수를 $2\ \frac{6}{4}$ 으로 먼저 고쳐서 계산을 합니다.

교사 그러면 이 대분수의 뺄셈을 하려면 어떻게 해야 할까요? 수학나라 카드를 든 여러분들이 모습을 보여 주세요.

아이들 (대분수의 자연수를 가분수로 고친다. 카드를 들고 움직이면서 모습을 보인다.)

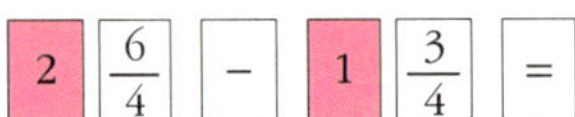

교사 위의 수학나라 말을 두고, 계산할 수 있게 알맞게 서 보세요.

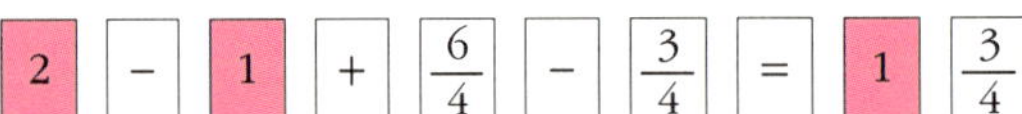

교사　아주 잘했어요. 대분수의 덧뺄셈은 어떻게 하는지 친구들에게 설명을 해 보세요.

아이들　(자신들의 생각을 발표한다.)

교사　대분수의 덧뺄셈에게 해 주고 싶은 말은 무엇인가요?

아이들　(자신들의 생각을 발표한다.)

9. 소수의 덧셈
(소수도 십진수네)

■ 들어가면서

1. 소수 한 자리의 수와 소수 두 자리 수 중에서 어느 수가 큰가?

2. 소수는 십진수인가?

3. 십진수에서 덧셈은 어떻게 해야 할까?

■ 목표

소수의 덧셈을 계산하는 방법을 이해하고 계산할 수 있다.

■ 준비물

교사 : 검정 색카드, 회색 카드($\frac{1}{2}$ 크기), 각 10장 정도, 백지 수카드 30장(A$_4$ $\frac{1}{2}$ 크기)

학생 : 검정 색카드, 회색 카드($\frac{1}{16}$ 크기), 각 10장 정도, 백지 수카드 30장(A$_4$ $\frac{1}{8}$ 크기)

■ 내용

아이들이 소수의 개념을 정립하기는 참 어렵다. 생활과 관련을 짓지 않으면 소수는 완전히 계산에 불과한 수가 되기 쉽다. 주변의 길이 단위, 무게 단위, 들이 단위와 관련을 지어서 공부함으로 소수가 사용되는 상황 속에서 소수를 이해하도록 도와주어야 한다. 소수 몸짓수 놀이를 하는 가운데 소수 두 자리 수에서 10개가 되면 몸짓이 올라가서 소수 한 자리 수가 되는 것을 보고 소수 한 자리 수가 소수 두 자리 수보다 10배 크다는 것을 알게 될 것이다. 자연수에서는 한 자리 수보다 두 자리 수가 10배 큰 것에 비해서 소수는 그 반대인 것을 몸짓수를 통해서 체득하는 것이다. 색카드로 소수의 덧셈 과정을 보여 주고, 몸짓수로 소수의 관계를 체득하고, 상황 속에서 소수의 쓰임을 이해함으로써 소수의 공부가 기계적인 계산이 아닌 생활 속에서의 공부가 되는 것이다.

▪ **활동 1** 미터만 있는 기린 나라 (0.2m+0.4m)

> 아이들이 20센티미터의 빵과 40센티미터의 빵을 갖고 수학 나라에 들어가려고 하는데 기린이 많이 살고 있는 이 지역은 미터만 사용하고 있어요. 문지기가 빵의 길이를 더해 보라고 미터 단위를 보여 줬는데 아이들은 당황했어요. 어떻게 해야 할까요?

교사 이 문제를 어떻게 해결할까요?

아이들 센티미터를 미터 단위로 고치면 되겠어요.

교사 20센티미터와 40센티미터는 각각 몇 미터가 됩니까?

아이들 0.2미터와 0.4미터가 됩니다.

교사 0.2미터와 0.4미터의 덧셈을 색카드를 이용해 해결합시다.

소수 한 자리는 검정색 카드를 사용합니다. 카드를 들고 서 보세요.

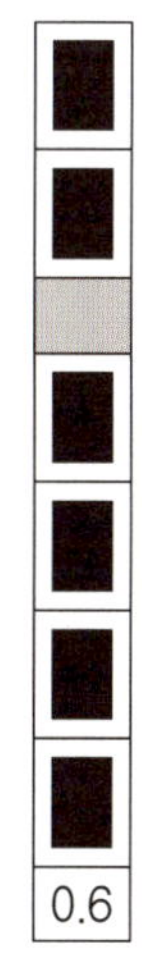

교사 검정색 색카드를 더하면 몇 장이 되었나요?

아이들 검정색 6장이 됩니다.

교사 검정색 한 장이 0.1이므로 검정색 6장은 얼마가 됩니까?

아이들 0.6이 됩니다.

교사 수학나라 말로 수학 카드를 놓아 봅시다.

아이들 ｜0.2｜ ｜+｜ ｜0.4｜ ｜=｜ ｜0.6｜

교사 기린이 볼 수 있게 세로셈을 쓰면 어떤가요?

아이들 (칠판에 쓰고, 그 과정을 자세히 설명한다.)

$$
\begin{array}{r}
0.2 \\
+\ 0.4 \\
\hline
0.6
\end{array}
$$

- **활동 2** 0.2m+0.4m 몸짓수 놀이

> **몸짓수 놀이** 소수의 덧셈을 몸짓수로 표현하기
>
> · 준비_교사용 식카드
>
> · 활동
>
> 1. 교사가 | 0.2+0.4 | 의 수학나라 말을 듣는다.
> 2. 아이들은 엉덩이를 두 번 치며 '0.2', 다시 4번 치며 '0.4'라고 소리 낸다. "합해서 0.1을 모두 몇 번을 쳤나요?" 6번, 그래서 '0.6' 하고 크게 외친다.
> 3. 이런 유형의 놀이를 계속 한다.

- **활동 3** 가래떡의 길이(0.7m+0.5m)

교사 여러분 가래떡은 70센티미터와 50센티미터예요. 이것은 어떻게 더해야 할까요?

아이들 그것도 미터로 고쳐요. 0.7미터와 0.5미터로 고쳐요.

교사 0.7미터와 0.5미터의 덧셈을 색카드를 이용해 해결합시다. 검정색 색카드를 더하면 몇 장이 되었나요?

아이들 검정색 12장이 됩니다.

교사 검정색 12장 중에서 10장은 어디로 가야 합니까?

아이들 10장은 일의 자리로 가서 1이 됩니다.

교사 검정색 나머지 2장은 얼마입니까?

아이들 0.2가 됩니다.

교사 수학나라 말로 놓아 봅시다.

아이들 | 0.7 | | + | | 0.5 | | = | | 1.2 |

교사 기린이 볼 수 있게 세로셈을 쓰면 어떤가요?

아이들 (칠판에 쓰고, 그 과정을 자세히 설명한다.)

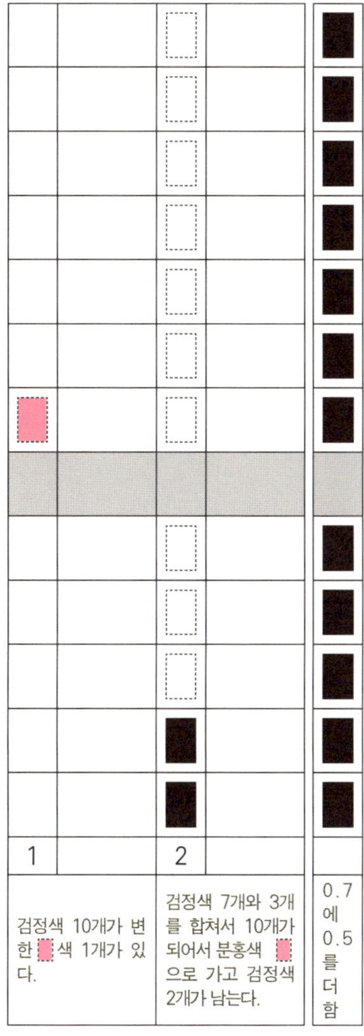

$$
\begin{array}{r}
\overset{1}{}0.7 \\
+\ 0.5 \\
\hline
1.2
\end{array}
$$

- 활동 4 0.7m + 0.5m의 몸짓수 놀이

몸짓수 놀이 소수의 덧셈을 몸짓수로 표현하기

· 준비_교사용 식카드

· 활동

1. 교사가 | 0.7+0.5 | 의 수학나라 말을 든다.

2. 아이들은 엉덩이를 일곱 번 치며, 0.7(영점칠), 다시 세 번 치며 '짠' 하고 허리춤으로 올리는 표시(노바디 춤)를 한다. 그리고 다시 엉덩이 2번 친 후 1.2(일점이) 하고 소리 낸다.

■ **활동 5** 장난감 물총의 길이도 몇 미터인지 보고하래요(0.23m＋0.58m)

교사 여러분, 장난감 물총은 23센티미터 1개와 또 58센티미터 1개가 있는데 이것의 합
도 미터로 말하라고 하네.

아이들 23센티미터는 0.23미터, 58센티미터는 0.58미터로 고쳐요.

교사 0.23미터와 0.58미터의 덧셈도 색카드를 이용해 해결합시다. 소수 두 자리는 회색
카드를 씁니다. 카드를 들고 서 보세요.

아이들 (아래의 그림과 같이 카드를 들고 선다.)

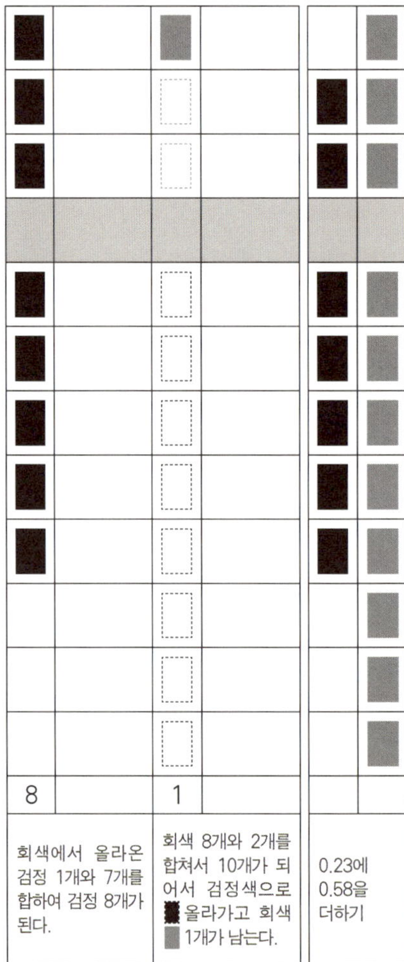

교사 회색 카드를 더하면 몇 장이 되었나요?

58

아이들 회색 11장이 되어서 10장은 검정색 1장이 되어서 올라가고, 회색 1장이 남아요.

교사 검정색은 어떻게 되나요?

아이들 회색에서 올라온 1장과 2장, 그리고 5장이 합하여서 검정색 8장이 됩니다.

교사 수학나라 말로 수학 카드를 놓아 봅시다.

아이들 $\boxed{0.23}$ $\boxed{+}$ $\boxed{0.58}$ $\boxed{=}$ $\boxed{0.81}$

교사 기린이 볼 수 있게 세로셈을 쓰면 어떤가요?

아이들 (칠판에 쓰고, 그 과정을 자세히 설명한다.)

$$
\begin{array}{r}
\overset{1}{} \\
0.23 \\
+\ 0.58 \\
\hline
0.81
\end{array}
$$

교사 회색 카드 11장은 무릎 수 몇 개입니까?

아이들 무릎 수 11개입니다.

교사 검정 카드 7장은 무릎 수 몇 개와 같습니까?

아이들 무릎 수 70개와 같습니다.

교사 그러면 무릎 수는 모두 몇 개가 됩니까?

아이들 무릎 수 81개와 같습니다.

교사 무릎 수 81개를 소수로 나타내면 얼마일까요?

아이들 0.81입니다.

▪ 활동 6 0.23m +0.58m의 몸짓수 놀이

> **몸짓수 놀이** 소수의 덧셈을 몸짓수로 표현하기
>
> · 준비_교사용 식카드
>
> · 활동
>
> 1. 교사가 수학나라 말 $\boxed{0.23+0.58}$ 든다.
>
> 2. 아이들은 0.23에서 무릎 3번, 0.58에서 무릎 7번 치며 '짠' 하며 엉덩이로 하나를 올린다.
>   그리고 나머지 1번을 무릎을 친다.
>
> 3. 다시 엉덩이 2번, 또 5번, 올라온 것과 합쳐서 엉덩이는 8번, 그리고 무릎은 1번 합해서
>   '0.81' 크게 소리 낸다.

10. 소수의 뺄셈
(소수도 십진수구나)

■ 들어가면서

1. 소수 한 자리수에서 소수 두 자리 수를 뺄 수 있을까?

2. 십진수의 계산에서 가장 중요한 것은 무엇일까?

■ 목표

소수의 뺄셈을 계산하는 방법을 이해하고 계산할 수 있다.

■ 준비물

교사 : 검정 색카드, 회색, 흰색 카드($\frac{1}{2}$ 크기) 각 10장 정도, 백지 수카드 30장(A₄ $\frac{1}{2}$ 크기)

학생 : 검정 색카드, 회색, 흰색 카드($\frac{1}{16}$ 크기) 각 10장 정도, 백지 수카드 30장(A₄ $\frac{1}{8}$ 크기)

■ 내용

소수 계산 공부는 자칫하면 계산하는 방법만 배우는 계산기 제조 시간이 되기 쉽다. 소수를 사용하는 상황을 설정해 놓고 계산하면서 생활에서 소수가 어떻게 쓰이며, 또 계산은 어떻게 하는지 알게 된다. 몸짓수 소수를 공부하면서 소수 한 자리, 두 자리, 세 자리의 위계와 그 크기를 더 자세히 알게 되며 소수가 십진수라는 것을 알게 되고, 소수의 뺄셈도 자리 수를 맞추는 것이 가장 중요하다는 것을 체득할 수 있을 것이다.

■ 활동 1 누구의 빵이 얼마나 길까?(0.4m−0.2m)

교사 기린 나라 문지기는 철수가 갖고 있는 40센티미터의 빵과 민수의 빵 20센티미터의

60

빵 중에서 누구의 빵이 얼마나 더 긴지 말하래요. 기린들은 미터 단위만 사용하고 있네요.

아이들 철수 빵 40센티미터는 0.4미터, 민수 빵 20센티미터는 0.2미터이므로 빼기를 해 줘요.

교사 색카드로 해결해 볼까요.

아이들 (검정색 카드를 들고 서서 해결한다.)

교사 수학나라 말로 수학 카드를 놓아 봅시다.

아이들 0.4 − 0.2 = 0.2

교사 기린이 볼 수 있게 세로셈을 쓰면

아이들 (칠판에 쓰고, 그 과정을 자세히 설명한다.)

$$\begin{array}{r} 0.4 \\ -\ 0.2 \\ \hline 0.2 \end{array}$$

■ 활동 2 0.4−0.2 의 몸짓수 놀이

> **몸짓수 놀이** 소수의 뺄셈을 몸짓수로 표현하기
>
> · 준비_교사용 식카드
>
> · 활동
>
> 1. 교사가 0.4 − 0.2 의 수학나라 말을 든다.
> 2. 아이들은 엉덩이를 4번 치고 0.4, 다시 손바닥을 엉덩이에 대었다가 밖으로 빼는 흉내(−) 를 내며 2번 치며 0.2, 그래서 '영점이' 라고 외친다.

■ 활동 3 긴 바나나도 누가 얼마나 더 긴 것을 갖고 있는지 미터로 말하래

교사 철수는 90센티미터를 바나나, 민수는 120센티미터 바나나를 갖고 있습니다. 어떻 게 해야 될까요?

아이들 철수의 바나나 90센티미터는 0.9미터, 민수의 바나나 120센티미터는 1.2미터이므

로 계산하면 됩니다.

교사　색카드로 해결해 보아요.

아이들

교사　검정색 2개 0.2에서 검정색 9개 0.9를 뺄 수 있나요? 어떻게 할까요?

아이들　분홍색 1개에서 빌려 오면 검정색 10개가 됩니다.

교사　빌려온 검정색 10개에서 먼저 무엇을 빼 줍니까?

아이들　검정색 10개에서 먼저 검정색 9개를 빼 줘서 검정색 1개가 남고, 이것과 검정색 2

개를 합하여 검정색 3개가 됩니다.

교사 수학나라 말로 수학 카드를 놓아 봅시다.

아이들 $\boxed{1.2}$ $\boxed{-}$ $\boxed{0.9}$ $\boxed{=}$ $\boxed{0.3}$

교사 기린이 볼 수 있게 세로셈을 쓰면 어떤가요?

아이들 (칠판에 쓰고, 그 과정을 자세히 설명한다.)

$$
\begin{array}{r}
{\scriptstyle 0\ \ 10} \\
\cancel{1}\,.\,2 \\
-\ \ \ 0\,.\,9 \\
\hline
0\,.\,3
\end{array}
$$

■ 활동 4 1.5−0.9 의 몸짓수 놀이

> **몸짓수 놀이**(혼자서 하는 놀이) 소수의 뺄셈을 몸짓수로 표현하기
>
> ・준비_교사용 식카드
>
> ・활동
>
> 1. 교사가 수학나라 말 $\boxed{1.5-0.9}$ 를 든다.
> 2. 아이들은 허리 1번을 엉덩이로 '쿵' 하면서 노바디 춤으로 내려 주는 표시를 한다. 그러면 10번이 오고, 그중에서 9번을 마음속으로 빼면 1개가 남는 표시를 하고, 또 원래의 5개 엉덩이춤을 추고 더하면 엉덩이춤 6개가 된다. 0.6이라고 외친다.
> 3. 이런 유형의 놀이를 계속 한다.

■ 활동 5 주머니 속에 숨겨 온 황금 약도 몇 킬로그램으로 말하기(1.315kg−0.89kg)

> 아이들이 아플 때 먹으려고 황금 약을 1315g 가지고 왔어요. 오다가 황금 약 890g을 먹었어요. 갖고 있는 황금 약이 몇 kg인지 말하지 못하면 통과 못 한대요. 계산은 어떻게 해야 되나 걱정이 된대요.

교사 무엇부터 생각해야 될까요?

아이들 황금 약 g을 먼저 kg으로 고쳐야겠어요.

교사 그럼 1315g과 890g을 kg으로 고쳐 봅시다.

아이들 1315g은 1.315kg, 890g은 0.89kg입니다.

교사 1.315를 몸짓수로 말해 보세요.

아이들   허리 1, 엉덩이 3, 무릎 1, 발등 5입니다.

교사   무릎 1과 발등 5를 모두 발등 수로 나타내면 얼마입니까?

아이들   발등 수 15개입니다.

교사   엉덩이 3, 무릎 1, 발등 5를 모두 발등 수로 나타내면 얼마입니까?

아이들   발등 수 315개입니다.

교사   허리 1, 엉덩이 3, 무릎 1, 발등 5를 모두 발등 수로 나타내면 얼마입니까?

아이들   발등 수 1315개입니다.

교사   0.89를 몸짓수로 나타내 보세요.

아이들   엉덩이 8, 무릎 9입니다.

교사   무릎 9를 발등 수로 나타내 보세요.

아이들   발등 수 90개입니다.

교사   엉덩이 8과 무릎 9를 발등 수로 나타내 보세요.

아이들   발등 수 890개입니다.

교사   발등 수 1315에서 발등 수 890을 빼 봅시다.

아이들   발등 수 425개입니다.

교사   발등 수 425를 소수로 나타내면 얼마일까요?

아이들   0.425입니다.

교사   색카드로 해결해 봅시다.

아이들   (1.315는 ▨ 1장, ■ 3장, ▩ 1장, ☐ 5장이 나와서 선다.

　　　　수 0.89는 ■ 8장, ▩ 9장이 서서 계산을 해 본다.)

교사   수학나라 말로 놓아 봅시다.

아이들 | 1.315 | − | 0.89 | = | 0.425 |

교사   기린이 볼 수 있게 세로셈을 쓰면 어떤가요?

아이들   (칠판에 쓰고, 그 과정을 자세히 설명한다.)

$$
\begin{array}{r}
{}^{0}\!\!\!\!\!\!{}^{12}{}^{10} \\
\cancel{1}.\cancel{3}15 \\
-\ \ 0.89 \\
\hline
0.425
\end{array}
$$

■ 활동 6 1.315−0.89의 몸짓수 놀이

몸짓수 놀이 소수의 뺄셈을 몸짓수로 표현하기

· 준비_교사용 식카드

· 활동

1. 교사가 수학나라 말 $\boxed{1.315-0.89}$ 를 든다.

2. 허리 1번, 엉덩이 3번, 무릎 1번, 발등 5번을 한다.

3. 발등 5번은 그대로 있고, 무릎 1번에서 무릎 9번을 뺄 수 없으므로 엉덩이 1번이 무릎으로 '쿵' 내려가는 노바디 몸짓을 한다.

4. 마음속으로 무릎 10개에서 9개를 뺀 후 1개 치고, 원래의 1개를 합해서 무릎 2개를 외친다.

5. 엉덩이는 빌려 주고 2개 남은 데서 8개를 뺄 수 없으므로 허리에서 '쿵' 하면서 내려가는 노바디 몸짓을 한다.

6. 마음속으로 엉덩이 10개에서 8개를 뺀 후 2개 남는 것을 치고, 또 엉덩이 2개를 합쳐서 4개 치며 소리 낸다.

7. 허리는 빌려 주고 없으므로 안 한다.

8. 모두 0. 425 소리 낸다.

tip

색카드를 통해서 눈으로 보고, 또 아이들이 줄을 서서 수가 되어서 셈을 하는 가운데 체득하게 된다. 소수의 뺄셈도 자연수의 뺄셈과 같이 자리가 중요하다는 것을 알게 된다.

11. 이분모 분수의 덧셈과 뺄셈
(같은 모습이 되자)

- 들어가면서

  1. $\frac{1}{3}$, $\frac{1}{4}$ 의 분수는 무엇이 다른가?

  2. 분모가 다른 분수의 크기를 비교하려면 어떤 방법이 좋을까?

- 목표

  이분모 분수의 덧셈, 뺄셈하는 방법을 이해하고 계산할 수 있다.

- 준비물

  A$_4$ 용지를 가로로 4등분한 종이 10장(분수 막대), 백지 수카드 30장(A$_4$ $\frac{1}{8}$ 크기)

- 내용

  분모가 다른 이분모 분수의 덧셈, 뺄셈을 공부하게 된다. 자칫하면 분모끼리도 더하는 잘못을 저지르게 된다. 그렇게 하지 않도록 상황을 통해 이분모 분수의 덧셈, 뺄셈 개념을 잘 이해하게 한다.

  이야기 상황의 활동을 여러 번 반복하면 아이들이 이분모 분수의 덧셈, 뺄셈을 확실하게 이해하게 된다. 그다음에 문제를 내어서 계산을 해 보게 한다. 분수를 사용할 때 올바른 분수 감각을 위해서 측정 감각, 즉 길이, 무게, 넓이, 들이 등의 단위와 함께 사용하면서 분수에 대한 개념을 생활과 밀접하게 받아들이도록 함과 동시에 분수 개념의 완전 이해를 돕도록 한다.

- 활동 잘 잊어버리는 까마귀

  교사는 어려운 역할을 맡는다. 힘들 경우 교사가 일인 다역을 할 수도 있다.

  사자 잘 잊어버리는 까마귀야, 지금부터 내가 묻는 말에 바로 대답을 해라.

여기 큰 빵 한 개가 있는데 너한테 빵 $\frac{1}{2}$ 을 주고, 또 참새한테 빵 $\frac{1}{8}$ 을 준다면 남은 빵은 $\frac{1}{2}$ 이 될까? 안 될까?

까마귀 그야 당연히 $\frac{1}{2}$ 이 안 되죠. 왜냐하면 제가 $\frac{1}{2}$ 을 먹으면 벌써 반을 먹고, 또 참새도 먹는데 어떻게 $\frac{1}{2}$ 이 남겠어요?

사자 아주 생각을 잘하네. 그러면 그것을 수학나라 말로 써 보렴.

까마귀 제가 말도 잘하지만 수학나라 말도 잘 하지요. 보세요.

우리가 먹을 양은 $\boxed{\frac{1}{2}}$ $+$ $\boxed{\frac{1}{8}}$ $=$ $\boxed{\frac{2}{10}}$ 이고 남는 양은 $\boxed{\frac{8}{10}}$

어! 이거 어떻게 된 거야. 남는 양이 $\frac{8}{10}$ 이면 $\frac{1}{2}$ 이 넘어요.

사자 친구들아, 까마귀를 도와주렴.

아이들 (각자 자기의 생각을 발표한다.)

까마귀 뭐 분모를 같게 해야 한다고? 응, 그렇구나. 분모를 같게 해야 되는구나.

먼저 그림을 살펴 보자.

참새 $\frac{1}{8}$

까마귀 $\frac{1}{2}$

그러면

$\boxed{\frac{1}{8}}$ $+$ $\boxed{\frac{4}{8}}$ $=$ $\boxed{\frac{5}{8}}$

친구들아 내 방법이 맞았니?

아이들 (자기의 생각을 발표한다.)

까마귀 사자님, 우리가 빵을 $\frac{5}{8}$ 를 먹게 되어서 $\frac{3}{8}$ 이 남아서 $\frac{1}{2}$ 보다 적게 남아요.

사자 까마귀야, 말도 잘 하는데 수학나라 분수 덧셈도 잘해야 한단다. 네가 안 것을 말해 보렴.

까마귀 (자기의 생각을 말한다.)

사자 친구들아, 까마귀 말이 맞았니? 그러면 이번에는 누가 많이 먹게 되는지 해 보렴.

까마귀 저의 빵은 $\frac{1}{2}$ 이고, 참새 빵은 $\frac{1}{8}$ 이므로 저의 빵에서 참새 빵을 빼면 됩니다.

수학나라 말로는

$$\boxed{\dfrac{1}{2}} \;\boxed{-}\; \boxed{\dfrac{1}{8}} \;\boxed{=}$$

어쩌지요? 분모 2에서 분모 8을 빼 줄 수 없는데 어쩌지요? 친구들아, 도와줘.

아이들 (자기의 생각을 발표한다.)

까마귀 미안하고, 고맙다. 분모를 같게 한다는 것을 또 까먹었어. 그래서 내가 까마귀잖아. (까마귀 고기의 속담 말해 주기)

까마귀 것

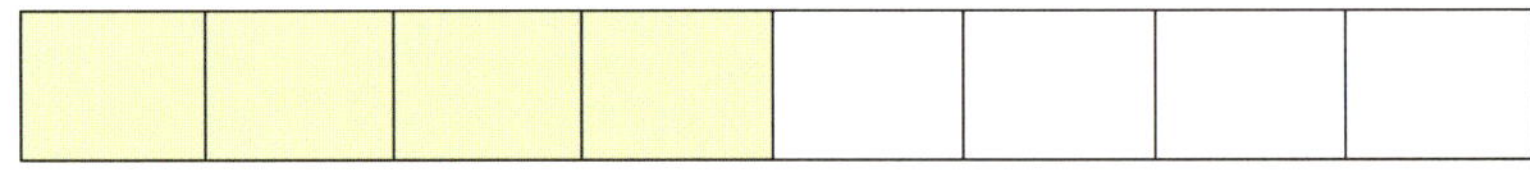

참새 것

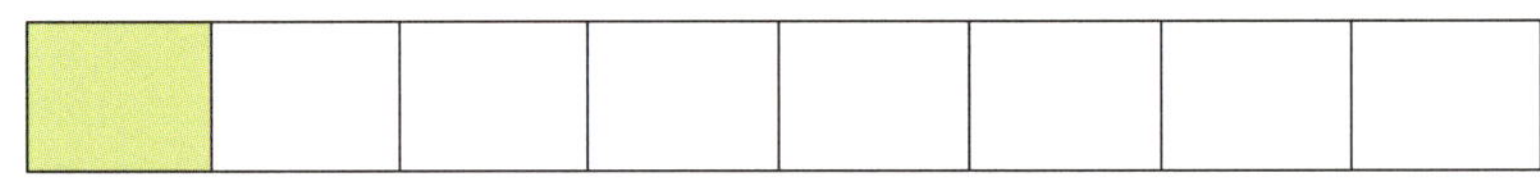

그러면 내 것에서 참새 것을 빼야 되니까

$$\boxed{\dfrac{4}{8}} \;\boxed{-}\; \boxed{\dfrac{1}{8}} \;\boxed{=}\; \boxed{\dfrac{3}{8}}$$

제가 $\dfrac{3}{8}$ 많이 먹게 되었습니다.

사자 까마귀야, 이젠 잊어버리지마. 분모가 다른 분수의 덧셈과 뺄셈을 어떻게 하는지 친구들에게 다시 말해 보렴.

까마귀 (자기의 생각을 발표한다.)

사자 너희들이 잘해서 내가 좀 어려운 문제를 내겠다. 한 번 도전해 보렴.

이번에는 여우에게는 $\dfrac{1}{3}$ kg의 고기를 주고, 늑대에게는 $\dfrac{1}{4}$ kg의 고기를 주겠다고 예약을 한다면 둘이 모두 합해서 받는 고기의 양은 얼마가 될까?

까마귀 제가 먼저. 제가 먼저. 먼저 수학나라 말로

$$\boxed{\dfrac{1}{3}} \;\boxed{+}\; \boxed{\dfrac{1}{4}}$$

아이쿠, 이를 어쩌나. 분모를 같게 해야되는 데 어떻게 분모를 같게 해야 될까? 친구들아, 도와줘.

아이들 (자기의 생각을 발표한다.)

까마귀 맞아, 통분을 해야지. 분모 3과 4의 최소공배수는 12구나. 그러면 $\dfrac{1}{3}$ 에서 분모 3이 12가 되려면 4배를 해서 분모가 12가 되고 분자도 4배를 해서 $\dfrac{4}{12}$ 가 된다.

또 $\frac{1}{4}$ 에서 분모 4가 12가 되려면 3배를 해서 분모가 12가 되고 분자도 3배를 해서 $\frac{3}{12}$ 이 된다.

그러면 $\boxed{\frac{1}{3}}$ + $\boxed{\frac{1}{4}}$ = $\boxed{\frac{4}{12}}$ + $\boxed{\frac{3}{12}}$ = $\boxed{\frac{7}{12}}$

사자님 $\frac{7}{12}$ kg입니다.

사자 까마귀야, 안 잊어버리고 잘하는구나. 넌 무엇을 이용해서 그렇게 쉽게 풀었니?

까마귀 예, 분모를 통분하는데 최소공배수를 이용했습니다.

사자 참새야, 너는 누가 얼마를 더 많이 받게 되는지 알아보렴.

참새 예, 알겠습니다. 간단합니다.

$\boxed{\frac{1}{3}}$ − $\boxed{\frac{1}{4}}$ = $\boxed{\frac{4}{12}}$ − $\boxed{\frac{3}{12}}$ = $\boxed{\frac{1}{12}}$ 이 됩니다.

사자님, 여우가 $\frac{1}{12}$ kg을 많이 갖게 됩니다.

사자 동물들이 잘해서 나도 기분이 좋구나.

■ 정리 **의미 찾기**

사자 친구들아, 분모가 서로 다를 때 분수의 덧셈과 뺄셈을 하는 방법에서 무엇이 생각나는지 몸짓으로 한번 표현하고 발표해 볼래.

아이들 (몸짓으로 표현하고 자기의 생각을 발표한다.)

아이 엠 그라운드 같은 분수 만들기

· 활동

1. 첫 번째 사람이 박자에 맞춰 $\frac{1}{2}$ 을 외친다.

2. 두 번째 사람은 박자에 맞춰 $\frac{2}{4}$ 를 외친다.

3. 세 번째 사람은 박자에 맞춰 $\frac{3}{6}$ 을 외친다.

4. 네 번째 사람은 새로운 분수(예: $\frac{1}{3}$)를 외친다.

5. 다섯 번째, 여섯 번째 사람은 $\frac{2}{6}$, $\frac{3}{9}$ 을 차례로 외친다.

6. 일곱 번째 사람은 다시 새로운 분수 (예 : $\frac{1}{4}$ 혹은 $\frac{3}{4}$, 혹은 $\frac{2}{5}$)를 외친다.

7. 계속 위와 같이 진행하도록 한다.

* 다섯 사람 정도 같은 분수를 만들고 진행해도 좋다.

12. 진분수×자연수
(덧셈과 닮았네)

▪ 들어가면서

1. 똑같은 진분수가 여러 개 있다. 어떤 수학나라 말을 쓸 수 있을까?

2. 똑같은 진분수가 여러 개 있으면 값은 처음 진분수보다 값이 커질까? 작아질까?

   (예를 들어 설명해 보기)

▪ 목표

진분수×자연수의 계산 원리를 이해하고 계산할 수 있다.

▪ 준비물

백지 수카드 30장(A_4 $\frac{1}{8}$ 크기)

▪ 내용

0과 1사이에 있는 수를 나타내기 위한 수단으로 분수를 사용한다. 분수도 수이므로 덧셈, 뺄셈, 곱셈, 나눗셈의 연산을 다 할 수 있다. 여기에서는 진분수×자연수의 계산 원리에 대해서 생각해 보도록 한다. 아이들이 직접 수카드를 들고 나와서 활동하면서 원리를 이해하도록 한다. (교실이 아닌 개인 공부일 때는 수카드를 준비해서 그 상황에 맞게 놓아 본다.)

▪ 활동 1 호랑이를 만난 원숭이

호랑이는 교사가 맡고 아이들은 동물 1마리가 된다.

교사 원숭이 새끼 5마리는 바나나 1개를 똑같이 나누어 가졌어요. 원숭이 새끼 1마리는 바나나 얼마를 가졌을까요?

아이들 1개를 5마리가 나누어 가졌으니까 $\boxed{1}$ $\boxed{\div}$ $\boxed{5}$ $\boxed{=}$ $\boxed{\frac{1}{5}}$ 을 가졌어요.

(모두 원숭이 새끼가 되어 $\frac{1}{5}$ 카드를 들고 있는다.)

호랑이 바나나 주면 안 잡아먹지.

원숭이 새끼들 여기 있어.(아이 1명이 $\frac{1}{5}$ 카드를 들고 나온다.)

호랑이 나는 $\frac{3}{5}$ 이 먹고 싶어.

원숭이 새끼들 알았어. 여기 있어.

($\frac{1}{5}$ 분수 카드 들고 3명이 나오기, 홀로 공부일 때는 $\frac{1}{5}$ 카드 3개를 놓기)

교사 바나나는 얼마가 되었는지 수학나라 말로도 표현하세요.

아이들 $\boxed{\frac{1}{5}} + \boxed{\frac{1}{5}} + \boxed{\frac{1}{5}} = \boxed{\frac{3}{5}}$

(수학나라 카드를 들고 나와서 서 본다.)

교사 '우르르 쾅쾅' 여러분, 수학나라 왕이 화내는 소리가 들리네요. 왜 그럴까요? 뭐라고요? 수학나라 말을 간단하게 안 쓰고 길게 썼다고요? 여러분, 길게 써서 화났대요. 짧게 써 보세요.

아이들 $\boxed{\frac{1}{5}}$ 이 3개니까 $\boxed{\frac{1}{5}} \times \boxed{3} = \boxed{\frac{3}{5}}$

(수학나라 카드를 들고 나와서 서 본다.)

교사 '하하' 방금 이런 소리가 들렸어요. 여러분들이 수학나라 말을 잘 썼다고 웃는 소리예요.

■ **활동 2** 호랑이를 만난 여우

교사 여우 7마리는 고기 1kg을 똑같이 나눴어요. 여우 1마리는 고기 얼마를 가졌을까요?

아이들 1kg을 7마리가 나누어 가졌으니까 $\boxed{1} \div \boxed{7} = \boxed{\frac{1}{7}}$ kg을 가졌어요.

(아이들 $\frac{1}{7}$ 카드 준비하기)

호랑이 고기 주면 안 잡아먹지.

여우 여기 있어. (1명이 $\frac{1}{7}$ kg을 들고 나온다.)

호랑이 나는 고기 $\frac{5}{7}$ kg이 먹고 싶어.

여우들 알았어. 여기 있어. (5명이 $\frac{1}{7}$ 카드를 들고 나온다.)

교사 고기는 얼마가 되었을까? 수학나라 말로도 표현하세요.

아이들 $\boxed{\frac{1}{7}} + \boxed{\frac{1}{7}} + \boxed{\frac{1}{7}} + \boxed{\frac{1}{7}} + \boxed{\frac{1}{7}} = \boxed{\frac{5}{7}}$

(수학나라 카드를 들고 나와서 서 본다.)

교사 여러분, 또 천둥소리가 들려요. 누가 길게 썼는가 봐요.

아이들 $\boxed{\dfrac{1}{7}}$ 이 5개 있으니까 $\boxed{\dfrac{1}{7}}$ $\boxed{\times}$ $\boxed{5}$ $\boxed{=}$ $\boxed{\dfrac{5}{7}}$

　　　(수학나라 카드를 들고 나와서 서 본다.)

교사 진분수×자연수는 어떻게 해야 될까요?

아이들 (자신의 생각을 발표한다.)

교사 왜 자연수 5가 분자에 가서 곱해져야 할까요? 자연수 5가 분모에 가서 곱하면 안 될까요?

아이들 (자신의 생각을 발표한다.)

교사 원래 분모는 1개를 몇 개로 나눈다는 뜻으로 몇 개로 나눈 분수의 모양을 보여 주는 것이 분모입니다. 같은 분수를 계속 더하는 것, 즉 진분수×자연수의 계산에서는 분자가 여러 개 있다는 뜻입니다. 그러므로 자연수는 분자에 곱해야 합니다.

■ 활동 3 호랑이가 욕심을 많이 내다

호랑이는 교사가 맡는다.

호랑이 여기 모인 고양이들이 모두 고기 $\dfrac{1}{3}$ kg씩 갖고 있구나. 나는 고기가 4kg이 필요하다. 빨리 내놓아라.

아이들 (모두 $\boxed{\dfrac{1}{3}}$ 카드를 준비한다. 아이들은 고양이가 되어 $\boxed{\dfrac{1}{3}}$ 카드를 들고 계속 나와서 몇 마리가 나와야 고기 4kg이 되는지 서 보면서 12명이 나와서 선다.)

교사 지금 서 있는 상태를 수학나라 말로 표현해 보세요.

아이들 $\boxed{\dfrac{1}{3}}$ $\boxed{\times}$ $\boxed{12}$ $\boxed{=}$ $\boxed{\dfrac{12}{3}}$ $\boxed{=}$ $\boxed{4}$

　　　(수학나라 카드를 들고 나와서 서 본다.)

호랑이 여기 모인 사냥개들이 모두 고기 $\dfrac{1}{4}$ kg씩 갖고 있구나. 나는 고기가 2kg이 필요하다. 빨리 내놓아라.

사냥개 (몇 마리가 나와야 고기 2kg이 되는지 아이들이 $\boxed{\dfrac{1}{4}}$ 카드를 들고 나와서 서 보면서 8명이 나와서 서면 된다는 것을 알게 된다.)

교사 지금 서 있는 상태를 수학나라 말로 표현해 보세요.

아이들 $\dfrac{1}{4}$ × 8 = $\dfrac{8}{4}$ = 2

(수학나라 카드를 들고 나와서 서 본다.)

▪ 활동 4 놀이

상어 놀이 상어가 보여 주는 수를 만들기

· 준비_백지 수카드 30장($\dfrac{1}{8}$ A₄ 용지)

· 활동

1. 교사가 아이들에게 처음 수 $\dfrac{1}{5}$ 을 준비하게 한다.

2. 아이들이 $\dfrac{1}{5}$ 을 준비한 후 상어가 $\dfrac{4}{5}$ 를 들면 아이들은 재빨리 카드에 ×4 를 써서 든다.

3. 못 쓴 아이는 술래가 된다.

4. 상어가 $\dfrac{3}{5}$ 을 들면 아이들은 ×3 을 써서 든다. 계속해서 상어가 1 을 들면 아이들은 ×5 를 써서 든다.

5. 이 놀이를 계속해도 되고 다시 처음 수를 바꾸어서 해도 좋다.

몸짓 분수 (손뼉 치기)

· 준비_교사용 분수 곱셈 카드

· 활동

1. 몸짓 분수 기본 방법은 이미 앞에서 설명했다.

2. $\dfrac{1}{4}$ × 3 을 몸짓 분수로 나타내 보세요.

3. $\dfrac{1}{4}$ 은 손뼉 4번, 손등을 1번 친다.

4. $\dfrac{1}{4}$ × 3 이므로 위의 손등 치기를 2번을 더 쳐서 3번이 되도록 한다.

5. 이런 유형의 활동을 여러 번 하는 가운데서 진분수×자연수의 원리를 스스로 체득하도록 한다.

▪ 정리 의미 찾기

교사 진분수×자연수에 대해서 생각나는 것을 몸짓으로 표현하고 발표해 보자.

아이들 (자신들의 생각을 몸짓으로 표현하고 발표한다.)

13. 자연수×진분수
(자연수를 나누는구나)

■ 들어가면서

1. $\frac{1}{3}$ 은 1을 몇 개로 나눈 것인가? (묶은 것인가?)

2. $\frac{3}{4}$ 은 1을 몇 개로 나눈 것(묶은 것) 중에서 몇 개(몇 묶음)인가?

3. 사과 1개, 빵 1개 외에 '1'로 표현할 수 있는 것은 무엇인가?

4. 전체를 '1'로 나타낼 수 있는가?

■ 목표

자연수×진분수의 계산 원리를 이해하고 계산할 수 있다.

■ 준비물

백지 수카드 100장(A$_4$ $\frac{1}{8}$ 크기)

■ 내용

자연수×진분수는 연속량이 아니고 이산량 전체를 1로 생각하는 것이 요점이다. 즉 물건의 개수 전체를 1로 생각하는 것이다. 자연수×진분수의 개념은 전체를 1로 생각하고 몇 묶음으로 똑같이 나눈 것 중에 몇 묶음의 개수는 몇 개인가를 생각하는 것이다. 여러 가지 상황에서 이산량의 분수 개념을 이해하도록 한다. 아이들이 직접 나와서 해당하는 분수만큼 앉고 서기를 하는 가운데 이해하는 것도 좋은 방법이다. (교실이 아닌 개인 공부일 때는 수카드를 준비해서 그 상황에 맞게 놓아 본다.)

■ 활동 1 아이들의 몸으로 공부하기

손가락이나 몸을 이용해서 공부하고 수학나라 말로 표현한다.

교사 손가락 10개를 펴세요. 그중에서 $\frac{1}{2}$ 을 들어 보세요.

아이들 (손가락 5개 들기)

교사 손가락 10개를 몇 묶음으로 묶은 것 중의 1묶음인가요?

아이들 (손가락 10개 2묶음으로 묶은 것 중의 1묶음입니다.)

교사 수학나라 말로 표현하세요.

아이들 $\boxed{10}\ \boxed{\times}\ \boxed{\dfrac{1}{2}}\ \boxed{=}\ \boxed{5}$

　　　　(수와 기호는 반드시 각각의 카드에 기록하고 놓는다.)

교사 계산하는 방법은 $\boxed{10}\ \boxed{\times}\ \boxed{\dfrac{1}{2}}\ \boxed{=}\ \boxed{\dfrac{10\times1}{2}}\ \boxed{=}\ \boxed{5}$ 입니다.

교사 손가락 10개를 펴세요. 그중에서 $\dfrac{1}{5}$ 을 들어 보세요.

아이들 (손가락 2개 들기)

교사 손가락 10개를 몇 묶음으로 묶은 것 중의 몇 묶음인가요?

아이들 (손가락 10개 5묶음으로 묶은 것 중의 1묶음입니다.)

교사 수학나라 말로 표현하세요.

아이들 $\boxed{10}\ \boxed{\times}\ \boxed{\dfrac{1}{5}}\ \boxed{=}\ \boxed{2}$

교사 계산하는 방법은 $\boxed{10}\ \boxed{\times}\ \boxed{\dfrac{1}{5}}\ \boxed{=}\ \boxed{\dfrac{10\times1}{5}}\ \boxed{=}\ \boxed{2}$ 입니다.

교사 손가락 10개를 펴세요. 그 중에서 $\dfrac{2}{5}$ 를 들어 보세요.

아이들 (손가락 4개 들기)

교사 손가락 10개를 몇 묶음으로 묶은 것 중의 몇 묶음인가요?

아이들 (손가락 10개 5묶음으로 묶은 것 중의 2묶음입니다.)

교사 수학나라 말로 표현하세요.

아이들 $\boxed{10}\ \boxed{\times}\ \boxed{\dfrac{2}{5}}\ \boxed{=}\ \boxed{4}$

교사 계산하는 방법은 $\boxed{10}\ \boxed{\times}\ \boxed{\dfrac{2}{5}}\ \boxed{=}\ \boxed{\dfrac{10\times2}{5}}\ \boxed{=}\ \boxed{4}$ 입니다.

교사 손가락 10개를 펴세요. 그중에서 $\dfrac{4}{5}$ 를 들어 보세요. 그리고 수학나라 말로 표현
　　　하세요.

아이들 (손가락 8개 들기)

교사 손가락 10개를 몇 묶음으로 묶은 것 중의 몇 묶음인가요?

아이들 (손가락 10개 5묶음으로 묶은 것 중의 4묶음입니다.)

교사 수학나라 말로 표현하세요.

아이들 $\boxed{10}\ \boxed{\times}\ \boxed{\dfrac{4}{5}}\ \boxed{=}\ \boxed{8}$

교사 계산하는 방법은 $10 \times \dfrac{4}{5} = \dfrac{10 \times 4}{5} = 8$ 입니다.

*아이들의 이해가 부족할 경우에는 손가락 9개, 8개, 6개 등 여러 가지 방법으로 위와 같이 많이
  해 본다.

교사 12명이 앞에 나와 서세요. 이중에서 $\dfrac{1}{3}$ 은 앉아 주세요. 그리고 수학나라 말로 표
  현하세요.

아이들 $12 \times \dfrac{1}{3} = 4$

교사 계산하는 방법은 $12 \times \dfrac{1}{3} = \dfrac{12 \times 1}{3} = 4$ 입니다.

교사 8명이 앞에 나와 서세요. 이 중에서 $\dfrac{3}{4}$ 은 앉아 주세요. 그리고 수학나라 말로 표
  현하세요.

아이들 $8 \times \dfrac{3}{4} = 6$

교사 계산하는 방법은 $8 \times \dfrac{3}{4} = \dfrac{8 \times 3}{4} = 6$ 입니다.

*아이들의 이해가 부족할 경우에는 8명이 나와서 서고 $\dfrac{1}{2}$, $\dfrac{1}{4}$ 을 먼저 하고 여러 가지 방법으
  로 위와 같이 많이 해 본다.

▪ **활동 2** 코끼리가 나쁜 여우 길들이기

간단한 이야기. 바나나나 포도는 자른 종이로 사용한다. 코끼리는 교사가 하고 여우
는 아이들이 맡아서 한다. 아이 1명은 대본을 갖고 먼저 여우 역할을 한 후 다른 아
이들이 여우 역할을 또 따라 한다.

여우가 동물들을 많이 괴롭힌다는 소문이 나돌았습니다.

코끼리 여우야, 지금 뭐하고 있니?

여우 보면 몰라. 코끼리야. 지금 따서 온 바나나 세고 있다. 6개 땄다.
  (바나나 6개를 종이로 준비한다.)

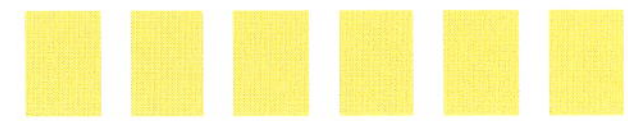

76

코끼리 여우야, 바나나 나한테 $\frac{1}{3}$ 만 주렴.

여우 알았다. 1개도 아니고 $\frac{1}{3}$ 인데. 여기 있다. (▢ 의 $\frac{1}{3}$ 주기)

코끼리 나를 놀리는 거야? 이 코로 너를 들어 올려 볼까? 1개의 $\frac{1}{3}$ 이 아니고 6개의 $\frac{1}{3}$ 이야. 수학나라 말로 만들어 봐.

여우 코끼리한테 속았다.

$$6 \times \frac{1}{3} = 2$$

분하다. 여기 바나나 2개 있다. 가져가.

코끼리 동생 여우야, 너는 지금 뭐하고 있니?

동생 여우 보면 몰라? 코끼리야, 지금 따 온 포도송이 세고 있다. 8송이 따 왔다.

(포도 8송이를 종이로 준비한다.)

코끼리 동생 여우야, 포도를 나한테 $\frac{3}{4}$ 만 주렴.

동생 여우 알았다. 1송이도 아니고 $\frac{3}{4}$ 인데. 여기 있다. 얼른 가져가. (▢ 의 $\frac{3}{4}$ 주기)

코끼리 나를 놀리는 거야? 이 코로 던져 볼까? 1송이의 $\frac{3}{4}$ 이 아니고 8송이의 $\frac{3}{4}$ 이야. 수학나라 말로 먼저 만들어 봐.

동생 여우 코끼리한테 속았다.

$$8 \times \frac{3}{4} = 6$$

분하다. 6송이 가져가.

코끼리 여우야, 너희들 오늘 저녁에 방울토마토 먹을 거지? 나한테 $\frac{1}{2}$ 만 주렴. 몇 개 줄래?

여우 1상자에 100개가 들었는데 $\frac{1}{2}$ 을 주려면 몇 개를 줘야 되나? 수학나라 말을 놓아 보자.

$$100 \times \frac{1}{2} =$$

100개를 2묶음으로 나누면 50개씩 1묶음이 되고, 그중에 1묶음이니까 50개를 줘야 하네.

$$100 \times \frac{1}{2} = \frac{100 \times 1}{2} = 50$$

■ 활동 3 놀이

경찰관 아저씨 잃어버린 수를 찾아 주세요 경찰관이 분수를 알아맞히는 놀이

· 준비_교사용 수카드

· 활동

1. 아이들 중에 경찰관 1명을 뽑아서 교실 밖으로 내보낸다.

2. 교사가 12라는 수를 전체 아이에게 보인 후 한 아이 보고 그 수를 숨기라고 한다.

3. 경찰관이 들어오면 아이들은 "경찰관 아저씨 잃어버린 수를 찾아주세요" 한다.

4. 경찰관은 한 아이에게 다가가서 "어떤 수를 잃어버렸습니까?"라고 질문한다.

5. 아이는 직접적인 대답은 피한 채 가능한 분수를 사용해서 대답을 한다.

　(예 : 20의 $\frac{1}{2}$ 보다 큰 수입니다. 혹은 20의 $\frac{3}{4}$ 보다 작은 수입니다.)

6. 다섯 고개까지 해서 답을 맞히지 못하면 벌을 받게 된다.

7. 계속해서 다른 수를 정하고 놀이를 계속한다.

■ 정리 의미 찾기

교사 자연수×진분수일 때 곱은 원래의 자연수보다 커질까요? 작아질까요?

아이들 (각자의 생각을 발표한다.)

tip

분수는 1을 기준으로 만든 수이며, 분모, 분자로 이루어져 있다. 분모는 1을 어떤 모양으로 똑같이 나누었는지 설명하는 것이다. 분자는 그 나눈 모양 중에서 몇 부분에 해당하는가를 나타내는 것이다.

14. 진분수×진분수
(약이 된 호랑이 꼬리)

▪ 들어가면서

1. 분수는 어떤 수를 기준으로 하여 나눌 때(쪼갤 때) 나타내는 수인가?

2. 빵 $\frac{2}{3}$ 를 먹고 싶은가? 빵 $\frac{1}{2}$ 의 $\frac{2}{3}$ 를 먹고 싶은가?

▪ 목표

진분수×진분수의 계산 과정을 이해하고 계산할 수 있다.

▪ 준비물

A$_4$ 용지를 가로로 4등분한 것 10장(분수 막대), 백지 수카드 30장(A$_4$ $\frac{1}{8}$크기)

▪ 내용

아이들은 곱셈에서 곱은 항상 커진다는 생각을 갖고 있다. 그러나 진분수×진분수의 곱은 작아지게 되어 있다. 이럴 때 기존의 생각과 다르니까 아이들에게 혼돈이 오게 된다. 상황 속에서 문제를 해결해 봄으로써 진분수×진분수의 곱이 작아진다는 것을 알고 그 원리까지도 완전히 이해할 수 있게 도울 수 있다.

▪ 활동 1 새끼 낳은 호랑이를 살려 준 임금님

처음에 교사는 스토리텔링을 하고 아이들은 마임으로 각자 마임극을 하고 그다음에 알맞게 역할을 맡아서 연극으로 표현해 본다.

임금님이 신하들과 사냥을 나갔습니다. 여러 번 활을 쏘고 있는데 '어흐흐흐' 하고 호랑이가 앓는 소리가 들려왔습니다. 신하들이 달려가 보니 호랑이가 쓰려져 있었습니다. 끌고 오려고 하는데 호랑이가 울면서 말했습니다. 새끼를 낳은 지 얼마 되지 않아서 새끼에게 젖을 먹어야 되니 한 번만 살려 달라고 하였습니다. 은혜는 잊지 않겠다고 하였습니다. 사연을 들은 임금님은 호랑이를 잘 치료해서 산으로 돌려보내라고 하고는 궁전으로 돌아왔습니다.

몇 해가 지나 임금님이 죽을병에 걸렸습니다. 의원이 죽을병에 걸린 임금님의 병이 나으려면 호랑이 꼬리 $\frac{1}{15}$ 을 달여 먹으면 된다고 하였습니다.

호랑이들은 소문을 듣고 모두 산속으로 들어가 꼭꼭 숨었습니다. 호랑이가 한 마리도 눈에 보이지 않아서 이제 임금님은 죽을 날만 기다리고 있었습니다.

언젠가 임금님에게 도움을 받은 호랑이가 이 소문을 듣고 나타났습니다. 온몸은 피투성이였고 손에는 호랑이 꼬리가 쥐어 있었습니다.

"임금님 제가 꼬리를 가져왔습니다."

"아니, 너는 옛날에 살려 준 그 호랑이가 아니냐. 어떻게 여기까지 왔니?"

임금님 옆의 신하가 물었습니다.

"임금님한테 호랑이 꼬리가 약이 된다고 해서 제 꼬리의 $\frac{1}{3}$ 을 잘라 왔습니다. 이것으로 약을 만들어서 빨리 드시고 오래오래 사세요. 그럼 저는 가 보겠습니다."

호랑이는 바람같이 사라졌습니다. 궁전에서는 호랑이 꼬리를 두고 고민이 시작되었습니다.

왜냐하면 호랑이 꼬리는 조금이라도 많이 먹으면 독이 되어서 임금님이 죽게 됩니다. 호랑이 꼬리 $\frac{1}{3}$ 을 받았는데 어떻게 $\frac{1}{15}$ 로 자를 수 있을까요?

• 활동 2 꼬리 $\frac{1}{3}$ 에서 어떻게 꼬리 $\frac{1}{15}$ 을 찾아낼까?

교사 우리가 마음씨 착한 임금님을 좀 도와드려야겠어요. 어떻게 하면 꼬리 $\frac{1}{15}$ 을 만들 수 있을까요?

철수 선생님, 먼저 분수 막대를 갖고 생각해 보면 좋을 것 같아요. 보세요. (A$_4$ 용지 가로로 4등분한 종이)

받은 호랑이 꼬리 $\frac{1}{3}$

우리의 뛰어난 점은 $\frac{2}{3}$ 는 없지만, 있다고 상상할 수 있는 것이지요.

민호 위 그림에서 $\frac{1}{15}$ 을 만들려면 15조각이 나와야 합니다. 그러면 $\frac{1}{3}$ 을 5조각, 다른 $\frac{2}{3}$ 도 5조각씩 자르면 모두 15조각이 된다고 생각합니다. 우선 받은 $\frac{1}{3}$ 을 5조각 내어 볼게요.

민호 분수는 똑같이 나누어 줘야 하니까 나머지 $\frac{2}{3}$ 도 다시 5등분하면 분모가 15가 되고 그중에서 1조각을 받으면 $\frac{1}{15}$ 이 됩니다.

교사 받은 호랑이 꼬리도 5등분하고, 안 받은 꼬리 $\frac{2}{3}$ 도 종이로 대신해서 각각 5등분을 하니까 전체는 15등분이 되고, 받은 것 중의 한 부분이 $\frac{1}{15}$ 에 해당하게 되었어요.

철수 민호 최고. 역시 너는 자랑스러운 내 친구야.

교사 참 대단해요. 그러면 수학나라 말로는 어떻게 표현해야 할까요?

철수 $\frac{1}{3}$ 을 다시 5개로 나누었으니까 분모를 다시 나누는 것이네요. 즉 $\frac{1}{3}$ 을 기준으로 2개 받은 것도 아니고, 3개 받은 것도 아니고, 5개 받은 것도 아니고, $\frac{1}{5}$ 개를 받았으니까 $\boxed{\frac{1}{3}}$ $\boxed{\times}$ $\boxed{\frac{1}{5}}$ 이라고 하면 되겠네.

교사 그런데 철수야, $\frac{1}{3} \times \frac{1}{5}$ 의 곱이 $\frac{1}{15}$ 이 되려면 분모를 어떻게 해야 되겠니?

철수 도와줘. $\frac{1}{3} \times \frac{1}{5}$ 이 분수 $\frac{1}{15}$ 이 되려면 분모는 분모끼리 서로 곱하기를 해야 될 것 같은데.

아이들 $\frac{1}{3} \times \frac{1}{5}$ 은 분모끼리 서로 곱하기를 해야 됩니다.

교사 그렇지요. 분모끼리 서로 곱해 줘야 합니다. 분모끼리 서로 곱해야 15조각이 됩니다. 어떤 생각이 들어요?

아이들 (각자의 생각을 발표한다.)

교사 분모끼리 서로 곱한다는 것(3×5)은 꼬리 전체는 15조각 낸다는 뜻입니다. 분모는 전체의 모양을 결정짓습니다.

■ **활동 3** 토끼의 간 $\frac{1}{2}$에서 어떻게 토끼의 간 $\frac{1}{8}$을 찾을 수 있을까?

용왕님의 병을 고치는 데는 토끼의 간이 필요합니다.

그 소문을 듣고 토끼는 자기의 간 중에서 $\frac{1}{2}$은 잘라서 육지의 나무 위 시원한 곳에 잘 걸어 두었습니다. 그리고 $\frac{1}{2}$만 몸속에 넣어서 자라를 타고 용궁으로 왔습니다.

용왕님이 말했습니다.

"토끼야, 사실은 네 간이 필요하단다."

"죄송합니다. 사실 간을 육지에 두고 왔습니다."

토끼가 대답했습니다.

"애 이놈 토끼야, 간이 없이 네가 어떻게 지금 살 수가 있니?"

"예 사실은 간의 $\frac{1}{2}$은 육지에 두고 $\frac{1}{2}$만 몸 속에 넣어 왔습니다."

"좋다. 나도 양심이 있지. 너의 간을 다 먹으면 네가 죽게 되잖아. 나는 너의 간이 다 필요하지 않다. 네 간의 $\frac{1}{8}$만 필요하단다."

"애들아, 너희들이 토끼를 잡아서 토끼 간의 $\frac{1}{8}$만 가져오도록 하여라."

눈을 크게 뜬 토끼는 신하들에게 끌려갔습니다.

어떻게 했을까요?

철수 　먼저 종이 카드를 갖고 생각해 보면 좋을 것 같아요. 보세요. (A$_4$ 용지를 가로로 2등
분한 종이, 혹은 그것 보다 큰 종이도 됨.)

몸에 지니고 온 간　　　　　　　육지에 두고 온 간

우리의 뛰어난 점은 $\frac{1}{2}$은 없지만, 있다고 상상할 수 있는 것입니다.

에서 토끼 간의 $\frac{1}{8}$을 구하려면 전체가 8등

분이 되면 됩니다. 그러기 위해서 $\frac{1}{2}$ 을 각각 4개씩 나누면 됩니다.

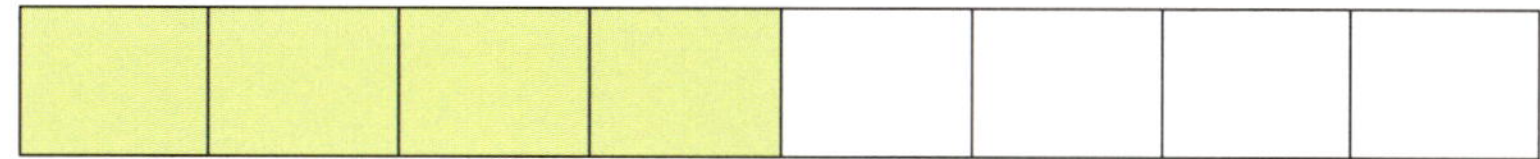

이 토끼 간의 $\frac{1}{8}$ 이 됩니다.

교사 토끼가 가져온 간을 또 어떻게 나누었나요?

아이들 4개로 나누었습니다.

교사 그러면 수학나라 말은 어떻게 써야 할까요? 수학나라 말로 표현하세요.

아이들 (수학나라 말로 표현한다.)

$$\boxed{\frac{1}{2}} \ \boxed{\times} \ \boxed{\frac{1}{4}} \ \boxed{=} \ \boxed{\frac{1}{8}}$$

교사 $\frac{1}{2}$ 이 $\frac{1}{8}$ 이 되려면 $\frac{1}{2} \times \frac{1}{4}$ 에서 '4' 는 어디에 가서 곱해야 합니까?

아이들 분모 2와 곱해야 합니다.

교사 그러면 진분수×진분수는 어떻게 계산해야 될까요?

아이들 (각자 자기의 생각을 발표한다.)

▪ **활동 4** 진분수×진분수 공부하기

교사 재미있는 문제를 풀어 봅시다.

① 철수는 $\frac{1}{5}$ m의 빵 중에서 $\frac{2}{3}$ 를 코끼리에게 주었다. 얼마를 줬을까?

② 민호는 $\frac{3}{4}$ kg의 호박 중에서 $\frac{1}{4}$ 을 사슴에게 주었다. 얼마를 줬을까?

③ 영희는 $\frac{1}{2}$ km의 황금줄 중에서 $\frac{4}{5}$ 를 고양이 목걸이로 사용했다. 얼마를 사용했을까?

* 위의 문제 모두를 분수 막대에 그려 본다.

■ 활동 5 몸짓 분수 놀이

■ 정리 의미 찾기

교사 진분수×진분수에게 해 주고 싶은 말이 있나요?

아이들 (각자의 생각을 발표한다.)

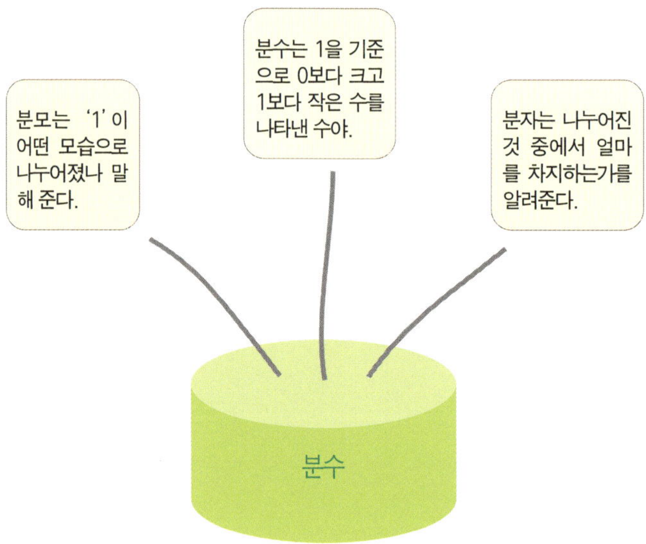

15. 분수와 소수의 관계
(모양을 바꿀 수 있네)

■ 들어가면서

1. 사과 한 개가 있다. 10명의 친구가 나누어 먹고 싶어 한다. 분수를 사용해서 친구들에게 얼마를 주겠다고 말해 보자.

2. 사과 한 개가 있다. 10명의 친구가 나누어 먹고 싶어한다. 소수를 사용해서 친구들에게 얼마를 주겠다고 말해 보자.

■ 목표

분수와 소수의 관계를 이해하고, 분수를 소수로, 소수를 분수로 고쳐서 계산할 수 있다.

■ 준비물

백지 수카드 30장(A_4 $\frac{1}{8}$ 크기)

■ 내용

분수와 소수는 둘 다 0보다 크고 1보다 작은 수를 나타내기 위해서 만들어 낸 수이다. 소수는 0보다 크고 1보다 작은 수로 십진수로 나타낼 수 있고 분수는 십진수가 되는 것도 있고 되지 않는 것도 있다. 분수는 소수로 나타낼 수 있는 것도 있고 그렇지 못한 것도 있다. 그러나 모든 소수는 분수로 나타낼 수 있다. 어떤 경우에 소수를 많이 사용하고, 어떤 경우에 분수를 사용하는지도 알아보는 것도 좋다. 몸짓수로 분수와 소수의 관계를 재미있게 공부할 수 있다.

■ 활동 1 몸짓수 놀이

몸짓수 놀이가 체화되는 가운데 분수 소수를 더 잘 이해하도록 한다.

교사 몸짓수 놀이를 합시다.

> **몸짓수 놀이** 교사가 수카드로 수를 보이면 약속한 몸 부위 두드리기
>
> · 준비_교사용 수카드
>
> · 활동
>
> 1. 약속하기 : 엉덩이 – 소수 첫째 자리(0.1 = $\frac{1}{10}$), 무릎 – 소수 둘째 자리(0.01 = $\frac{1}{100}$)
>
>   발등 – 소수 셋째 자리(0.001 = $\frac{1}{1000}$), 허리 – 일의 자리
>
>   위의 약속을 토대로 엉덩이 치면서 0.1은 $\frac{1}{10}$, 무릎을 치면서 0.01은 $\frac{1}{100}$, 발
>
>   등을 치면서 0.001은 $\frac{1}{1000}$ 을 외친다.
>
>   교사가 수카드로 수를 보인다. (예 : 0.1)
>
>   아이들은 그 수만큼 양손으로 엉덩이를 1번 친다.
>
> 2. 0.8일 때는 엉덩이를 8번 치고, $\frac{5}{10}$ 일 때는 엉덩이를 5번 친다.
>
> 3. 0.03일 때는 무릎을 3번 치고, 0.04, $\frac{6}{100}$, $\frac{9}{100}$ 도 무릎을 친다.
>
> 4. 0.005일 때는 발등을 5번 치고, 0.009, $\frac{7}{1000}$, $\frac{3}{1000}$ 도 발등을 친다.
>
> 5. 0.251을 쳐 본다. $\frac{369}{1000}$ 를 쳐 본다.
>
> 6. 교사가 제시하는 수에 따라 발등, 무릎, 엉덩이를 치면 된다. (교사는 다양하게 변화를 시도
>
>   한다.)

■ **활동 2 분수를 소수로 나타내기**

상황을 통해서 분수를 소수로 고쳐 본다.

교사 길이 나라로 들어가 볼까요. 1m짜리 테이프를 줄 테니 5명이 나누어 보고 한 사람

     이 얼마를 가졌는지 말해 봐요. 수학나라 말로 표현하고 발표하세요.

아이들 예, 한 사람이 $\frac{1}{5}$ m를 가졌습니다.

$$\boxed{1} \div \boxed{5} = \boxed{\tfrac{1}{5}}$$

교사 $\frac{1}{5}$ m라고 테이프에 써 가지고 갑시다. 여러분, 길이 나라 사람들의 얼굴이 찡그

     러져 있네요. 무슨 일일까요? 길이 나라 사람들은 분수를 잘 모르는 것 같군요. 분

     수 대신에 무슨 수로 표현하면 좋을까요?

아이들 소수로 표현할 수 있어요.

교사 $\dfrac{1}{5}$m를 소수로 표현하려면 어떻게 해야 할까요?

아이들 (자기들의 생각을 발표한다.)

교사 소수는 십진수니까 분모를 어떻게 만들면 좋을까요?

아이들 (자기들의 생각을 발표한다.)

교사 분모를 10으로 만들어야 해요. $\dfrac{1}{5}$에서 분모 5를 10으로 만들려면 어떻게 해야 할까요?

아이들 (자기들의 생각을 발표한다.)

교사 칠판에 나와서 써 보세요.

아이들 $\dfrac{1\times2}{5\times2}$ $=$ $\dfrac{2}{10}$ $=$ $\boxed{0.2}$

교사 $\dfrac{1}{5}$m는 0.2m가 되는군요.

여기 또 3m의 밧줄이 있는데 이번에는 4명이 나누어 가지세요. 수학나라 말로 표현하고 얼마를 가졌는지 말해 보세요.

아이들 3 $÷$ 4 $=$ $\dfrac{3}{4}$

교사 길이 나라 사람들은 길이를 분수로 나타내는 것 싫어하잖아요. 소수로 표현해 보세요. 소수로 표현하려면 분모를 어떻게 만들어야 하나요?

아이들 분모를 10, 100, 1000으로 만들어야 합니다.

교사 $\dfrac{3}{4}$에서 분모 4를 10으로 만들려니 잘 되지 않는데요, 어떻게 하면 좋을까요?

아이들 (자기들의 생각을 발표한다.)

교사 분모 4를 10으로 만들지 말고 100으로 만들어 봐요. 100으로 만들려면 4를 몇 배 해야 될까요?

아이들 분모 4를 25배 해야 됩니다.

교사 분수의 분모와 분자를 25배 해서 계산해 보세요.

아이들 예, 0.75m입니다.

$\dfrac{3\times25}{4\times25}$ $=$ $\dfrac{75}{100}$ $=$ $\boxed{0.75}$

교사 길이 나라에 들어갑시다. 그런데 누가 $2\dfrac{7}{20}$m라고 쓴 철사를 갖고 있네요. 빨리 고쳐 주세요.

아이들 $2\frac{7}{20}$ m에서 2는 자연수이니까 그대로 두고,

$$\frac{7}{20} = \frac{7 \times 5}{20 \times 5} = \frac{35}{100} = \boxed{0.35}$$

2.35m가 됩니다.

교사 봉사 활동을 할까요. 길이 나라에 들어오는 사람들이 길이를 분수로 써서 오는데 소수로 고쳐 주세요. ($3\frac{3}{5}$ m, $5\frac{9}{20}$ m, $6\frac{1}{4}$ m 등)

- **활동 3** 소수를 분수로 나타내기

상황을 통해서 소수를 분수로 고쳐 본다.

교사 맛있는 냄새가 나네요. 요리 나라에 들어가 봅시다. 먼저 설탕 1컵을 4사람이 나누어서 가지세요. 수학나라 말로 표현하고 얼마인지 말해 보세요.

아이들 $\boxed{1} \div \boxed{4} = \boxed{\frac{1}{4}}$

교사 여러분, 우리가 분수를 소수로 고쳐 보았지요? $\frac{1}{4}$ 도 소수로 고쳐 보세요.

아이들 $$\frac{1 \times 25}{4 \times 25} = \frac{25}{100} = \boxed{0.25}$$

교사 0.25컵씩 넣어서 컵에 써 가지고 갈까요?

여러분, 요리 나라 사람들 얼굴이 찡그러져 있네요. 왜 그럴까요?

아이들 (자기들의 생각을 발표한다.)

교사 아마, 요리 나라 사람들은 소수를 싫어하는 것 같아요. 분수로 써서 가지고 가요.

아이들 ($\frac{1}{4}$ 컵이라고 쓴다.)

교사 요리 나라 사람들이 웃고 있어요. 여러분이 갖고 있는 우유 0.2컵도 무엇으로 고쳐 주어야 할까요?

아이들 (자기들의 생각을 발표한다.)

교사 그래요. 요리 나라 사람들은 소수를 안 좋아하니 빨리 분수로 고쳐 보세요.

아이들 $\boxed{0.2} = \boxed{\frac{2}{10}}$

교사 잘했어요. 우유 $\frac{2}{10}$ 컵이 들어 있다고 써서 들어가요. 요리 나라에 들어오는 사람들이 잘못 쓴 것을 고쳐 주세요.

아이들 (소수를 분수로 고친다. 0.5컵, 0.8컵, 2.6컵, 5.75컵)

▪정리 의미 찾기

교사 소수와 분수는 어떤 관계가 있다는 생각이 드는지 몸짓으로 표현해 보세요. 그리고
　　　길이 나라 사람들은 무엇을 좋아하고, 요리 나라 사람들은 무엇을 좋아하는지 발
　　　표하고, 그 이유가 무엇일까도 생각해 봐요.

아이들 (자기들의 생각을 몸짓으로 표현하고 발표한다.)

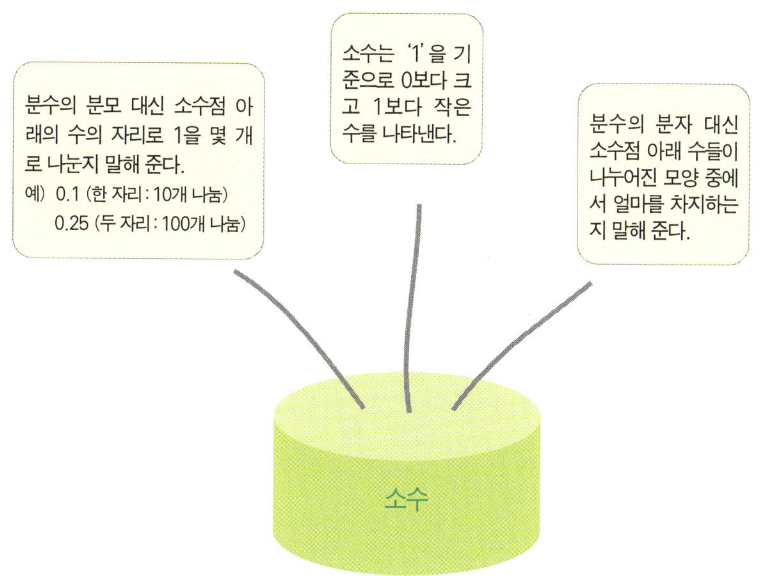

tip

길이는 작은 단위도 일상에서 많이 사용하고 있다. 그래서 길이는 m, cm, mm 등으로 나타내고 있다. 그러므로 길이를 사용하는 관습상 분수보다는 소수를 사용하는 것이 작은 단위까지 나타내는 데 유용하다. 그러나 요리를 하는 데 $\frac{1}{100}$까지 나타내는 경우는 별로 없다. 요리는 $\frac{1}{2}$, $\frac{1}{3}$, $\frac{1}{5}$ 등으로 나타내도 요리를 잘 할 수 있다. 그러므로 요리에서는 분수를 많이 사용하는 것이다.

16. 자연수 나누기 자연수 ($\frac{1}{3}$은 몇 명이 나눠 가질까?)

■ 들어가면서

1. 1÷2는 한 사람이 얼마를 갖겠다는 뜻인가? 분수로 말하기

■ 목표

나눗셈을 곱셈으로 나타낼 수 있다.

■ 준비물

백지 수카드 30장(A$_4$ $\frac{1}{8}$ 크기), A$_4$ 용지를 가로로 4등분한 분수 막대 10장

■ 내용

이 제재는 나눗셈의 등분제 개념으로 해결한다. 즉 어떤 ⬤ 을 3사람이 나누어 갖는다는 식 ⬤ ÷3일 때 이것은 3사람이 나눌 때 1사람이 갖는 양을 묻는 것이다. 등분제란 ⬤ 를 4사람이 나누면 한 사람은 $\frac{1}{4}$ 을 갖는다. ⬤ 를 10사람이 나누면 한 사람은 $\frac{1}{10}$ 을 갖는다. 이렇게 등분제는 한 사람이 갖는 양을 묻는 것이다. 그러므로 ⬤ ÷3은 한 사람이 ⬤ 의 $\frac{1}{3}$ 을 갖는 것으로 ⬤ × $\frac{1}{3}$ 과 같은 것이다. 그런 결과를 아래의 분수 막대 활동을 통해서 확인하는 과정을 갖도록 한다.

■ 활동 1   1÷4를 곱셈으로 나타내기

모둠끼리 과자를 나누는 놀이를 분수로 표현하기

교사 긴 과자 1개를 모듬원 4명이 나누어 먹습니다. 수학나라 말로 표현하세요.

아이들 ☐ 1 ☐ ÷ ☐ 4 ☐

교사 나누어 보세요.

아이들

교사 한 사람이 갖는 몫은 얼마입니까?

아이들 $\frac{1}{4}$ 입니다.

교사 이것은 과자 1개의 얼마이며, 또 1이 몇 개 있다고 할 수 있나요?

아이들 $\frac{1}{4}$ 입니다. 1이 $\frac{1}{4}$ 개라고 할 수 있습니다.

교사 과자 1개의 $\frac{1}{4}$ 이다가 과자 1개의 $\frac{1}{4}$ 배라고 할 수 있습니까?

아이들 $\frac{1}{4}$ 배라고 할 수 있습니다.

교사 과자 1개의 $\frac{1}{4}$ 배, 1이 $\frac{1}{4}$ 개인 것을 곱셈식으로 나타내 보세요.

아이들 $\boxed{1}\ \boxed{\times}\ \boxed{\frac{1}{4}}$

교사 결국 과자 1개를 4사람이 나눌 때 $\boxed{1}\ \boxed{\div}\ \boxed{4}$ 이며 이때 한 사람이 갖는 몫은 1
의 $\frac{1}{4}$ 배, 1이 $\frac{1}{4}$ 개 있으므로 $\boxed{1}\ \boxed{\times}\ \boxed{\frac{1}{4}}$ 로 나타냅니다. 나눗셈을 곱셈으로
고칠 수 있다고 생각합니까?

아이들 고칠 수 있습니다.

- **활동 2** 3÷4를 곱셈으로 나타내기

모둠원끼리 과자를 나누는 놀이를 분수로 표현하기

교사 긴 과자 3개를 모둠원 4명이 나누어 먹습니다. 수학나라 말로 표현하세요.

아이들 $\boxed{3}\ \boxed{\div}\ \boxed{4}$

교사 나누어 보세요.

아이들 (어떻게 할까 고민하다가 빼빼로 3개를 각각 4개로 나누어서 1명이 각각 $\frac{3}{4}$ 씩 갖게 된
다. 잘 모를 경우에는 교사가 힌트를 주도록 한다.)

교사 4사람은 빼빼로를 각각 얼마를 가졌나요?

아이들 (자기들의 생각을 발표한다.)

교사 수학나라 말로 표현해 보세요.

아이들 $3 \div 4 = \dfrac{3}{4}$

교사 과자 1개일 때는 얼마를 먹었나요?

아이들 ($\dfrac{1}{4}$ 등 자기들의 생각을 발표한다.)

교사 1개일 때 $\dfrac{1}{4}$ 을 먹었다면 3개일 때는 얼마를 먹을까요?

아이들 ($\dfrac{1}{4}$ 씩 먹는 것이 3번이므로 $\dfrac{3}{4}$ 먹게 됩니다.)

교사 수학나라 말로 표현하세요.

아이들 $3 \div 4 = 3 \times \dfrac{1}{4} = \dfrac{3}{4}$

교사 위의 수학나라 말을 우리말로 고쳐 보세요.

아이들 과자 1개에서 $\dfrac{1}{4}$ 을 먹으므로 3개에서는 $\dfrac{3}{4}$ 을 먹게 되며

이것은 $3 \div 4 = 3 \times \dfrac{1}{4} = \dfrac{3}{4}$ 입니다.

- **활동 3** **3÷7을 곱셈으로 나타내기**

7명이 과자를 나누는 놀이를 분수로 표현하기

교사 빼빼로 과자 3개를 7명이 나누어 먹어 보세요.

아이들 (어떻게 할까 고민하다가 빼빼로 3개를 각각 7개로 나누어서 1명이 각각 $\dfrac{3}{7}$ 씩 갖게 된

다. 잘 모를 경우에는 교사가 힌트를 주도록 한다.)

교사 7사람은 빼빼로를 각각 얼마를 가졌나요?

아이들 (자기들의 생각을 발표한다.)

교사 수학나라 말로 표현해 보세요.

아이들 $3 \div 7 = \dfrac{3}{7}$

교사 과자 1개일 때는 7사람이 얼마를 먹었나요?

아이들 ($\dfrac{1}{7}$ 등 자기들의 생각을 발표한다.)

교사 1개일 때 $\dfrac{1}{7}$ 을 먹었다면 3개일 때는 얼마를 먹을까요?

아이들 ($\dfrac{1}{7}$ 씩 먹는 것이 3번이므로 $\dfrac{3}{7}$ 먹게 됩니다.)

교사 수학나라 말로 표현하세요.

아이들 $3 \div 7 = 3 \times \dfrac{1}{7} = \dfrac{3}{7}$

교사 위의 수학나라 말을 우리말로 고쳐 보세요.

아이들 과자 1개에서 $\dfrac{1}{7}$ 을 먹으므로 3개에서는 $\dfrac{3}{7}$ 을 먹게 되며,
이것은 $3 \times \dfrac{1}{7} = \dfrac{3}{7}$ 입니다.

교사 $3 \times \dfrac{1}{7}$ 일 때 3은 분자에 곱합니까? 분모에 곱합니까?

아이들 분자에 곱합니다.

■ 정리 의미 찾기

교사 이 활동을 통해서 생각한 것이 있으면 발표해 보세요.

아이들 (각자의 생각을 발표한다.)

교사 (자연수)÷(자연수)는 분수로도 표현할 수 있습니다. 분수에게 하고 싶은 말을 해 보
세요.

아이들 (각자의 생각을 발표한다.)

tip

나눗셈 ⇄ 분수

분수 $\dfrac{9}{10}$ 에서 ―은 9÷10의 무엇과 같습니까? (   )

17. 분수 나누기 자연수
(자연수가 분모로 가네)

▪ 들어가면서

분수는 전체를 얼마로 볼 때 나타내는 수인가?

▪ 목표

분수÷자연수의 계산 과정을 이해하고 계산할 수 있다.

▪ 준비물

백지 수카드 30장(A_4 $\frac{1}{8}$크기), 색종이 여러 장

▪ 내용

분수 나누기 자연수는 등분제의 개념으로 해결한다. 즉 '어떤 분수의 크기를 자연수
(몇 사람)에게 나누어 줄 때 한 사람이 갖는 몫은 얼마일까?' 로 생각하면서 계산 방
법을 이해하도록 도와준다.

▪ 활동 (진분수) ÷ (자연수)

색종이를 이용하여 해결하기

교사 여러분이 갖고 있는 색종이를 떡으로 생각하면서 $\frac{2}{3}$ 를 접어 보세요.

아이들

교사 이 $\frac{2}{3}$ 의 떡을 3사람에게 나누어 준다면 한 사람이 갖는 몫은 얼마일까요? 수학나

라 말로 먼저 표현하세요.

아이들 $\boxed{\dfrac{2}{3}}$ $\boxed{\div}$ $\boxed{3}$

교사 $\dfrac{2}{3}$ 의 떡을 3사람에게 나누어 주는 것을 그림으로 표현하세요. 그리고 1사람이 갖는 몫을 표시하시오.

아이들

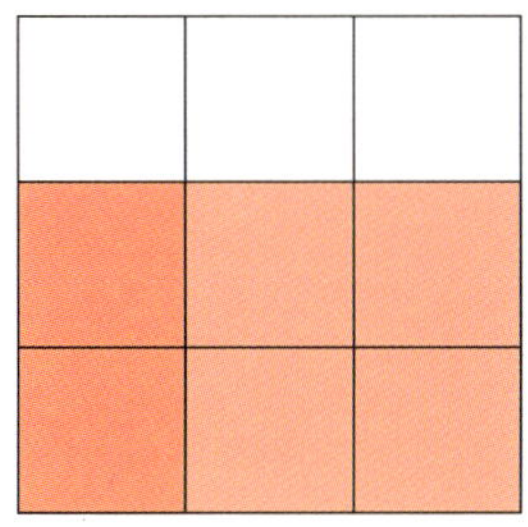

교사 그 몫을 나타내세요. (위의 그림에서 몫은 전체 1에서 차지하는 부분을 나타낸다. 다시 말해서 모든 분수는 '1'을 기준으로 해서 나타낸다. ▮은 $\dfrac{2}{9}$ 에 해당한다.)

아이들 $\dfrac{2}{9}$ 입니다.

교사 위의 그림에서 $\dfrac{2}{3}$ 로 된 떡을 3사람이 나누어 가지려고 떡을 어떻게 했나요?

아이들 떡을 또 3등분씩 나누었습니다.

교사 $\dfrac{2}{3} \div 3$ 에서 한 사람이 얼마를 갖는지 분수로 표현해 보세요.

아이들 $\dfrac{2}{3} \times \dfrac{1}{3}$ 입니다.

교사 $\dfrac{1}{3}$ 의 분모 3은 분자에 가서 곱할까요? 분모에 가서 곱할까요?

아이들 떡의 모양을 계속 나누는 것이므로 분모에 가서 곱합니다.

교사 그러면 떡은 몇 조각이 될까요?

아이들 3×3 해서 9조각이 됩니다.

교사 한 사람이 차지하는 떡, 즉 분자는요?

아이들 2×1 해서 2가 됩니다.

교사 정확한 분수로 말하세요.

아이들 $\dfrac{2}{9}$ 즉 9조각 중에서 2조각이 됩니다.

교사 위의 과정을 수학나라 말로 표현하세요.

아이들 $\dfrac{2}{3}$ 의 떡을 3사람이 나누어 갖는다는 것은 $\boxed{\dfrac{2}{3}}$ $\boxed{\div}$ $\boxed{3}$ 이고,

$\dfrac{2}{3}$ 의 떡 중에서 1사람이 갖는 몫은 $\dfrac{2}{3}$ 의 $\dfrac{1}{3}$ 에 해당하므로

$\boxed{\dfrac{2}{3}} \boxed{\div} \boxed{3} \boxed{=} \boxed{\dfrac{2}{3}} \boxed{\times} \boxed{\dfrac{1}{3}} \boxed{=} \boxed{\dfrac{2}{9}}$

위의 그림에서  나눈 것을 또 3개로 나누어서 결국은 3×3 해서 9개가 되는 것입니다. 그중에서 2조각을 갖는 것입니다.

$$\frac{2}{3} \times \frac{1}{3} = \frac{2 \times 1}{3 \times 3} = \frac{2}{9}$$

교사 (진분수)÷(자연수)는 무엇과 같다고 할 수 있을까요?

아이들 진분수 × $\dfrac{1}{자연수}$

■ 정리 의미 찾기

교사 어떤 분수를 자연수로 나누는 식을 볼 때 등분제로 생각해야 할까요? 포함제로 생각해야 할까요?

아이들 등분제로 생각해요.

교사 등분제로 생각한다는 것은 무슨 뜻인가요?

아이들 무엇을 나누었을 때 한 사람에게 돌아가는 몫이 얼마인가를 구하는 것입니다.

교사 그러면 (진분수)÷(자연수)의 몫은 어떻게 되나요?

아이들 진분수 × $\dfrac{1}{자연수}$

교사 (진분수)÷(자연수)에서 생각나는 것을 몸짓으로 표현하고 발표하세요.

아이들 (몸짓으로 표현하고 발표한다.)

> tip 🔍
>
> (가분수)÷(자연수)나 (대분수)÷(자연수)도 위와 같은 방법으로 해결한다. 가분수나 대분수도 같은 분수에 속한다. 다만 그 표현하는 방법에서 가분수도 되고, 대분수도 되므로 이들도 (진분수)÷(자연수)와 같은 개념으로 생각하면 된다.

18. 소수의 곱셈
(겉모양은 다르나 값은 같아요)

▪ 들어가면서

　1. 모든 수는 곱셈이 가능할까?

　2. 소수도 곱셈이 가능할까?

▪ 목표

소수 곱셈의 계산 방법을 알고 계산할 수 있다.

▪ 준비물

백지 수카드 30장(A_4 $\frac{1}{8}$ 크기)

▪ 내용

몸짓 소수 놀이를 통해서 소수의 개념을 체득하고 또 분수와의 관계를 안 후 이 둘
의 개념을 이용하여 계산 방법을 이해하도록 한다.

▪ 활동 1 　몸짓 소수 놀이

몸짓 소수 놀이　교사가 수카드로 수를 보이면 약속한 몸 부위를 두드리기

　· 준비_교사용 수카드

　· 활동

1. 약속하기 : 엉덩이 – 소수 한 자리 수, 무릎 – 소수 두 자리 수,

　　　　　　발등 – 소수 세 자리 수, 허리 – 일의 자리

2. 교사가 수카드로 수를 보인다. (예 : 0.1)

3. 아이들은 그 수만큼 양손으로 엉덩이를 1번 치며, 0.1은 $\frac{1}{10}$ 과 같다고 한다.

4. 0.5일 때는 엉덩이 5번 치기 및 $\frac{5}{10}$ 를 소리 낸다.

---

5. 0.05는 무릎을 5번 치거나 $\dfrac{5}{100}$ 를 소리 낸다.

6. 0.005는 발등을 5번 치거나 $\dfrac{5}{1000}$ 를 소리 낸다.

7. 교사가 제시하는 분수도 소수 몸짓으로 나타낸다.

　　* 위의 3, 4, 5, 6은 학습활동의 단계에 따라 달리 사용한다.

■ **활동 2** 소수 곱하기 자연수(0.5×3)

교사　0.5를 몸짓으로 표현하세요.

아이들　(엉덩이를 다섯 번 친다.)

교사　0.5가 3번 있어요. 몸짓수로 표현해요.

아이들　(자기의 생각대로 친다.)

교사　0.5가 3번 있을 때는 엉덩이 5번 두드린 것을 3번 치면 되지요. 그중에서 엉덩이 10
　　　번은 어디로 가야 하나요? 그리고 남는 엉덩이 수는 몇 번인가요? 결국 얼마가 있
　　　다는 뜻인가요?

아이들　(자기의 생각대로 발표한다.)

교사　0.5가 3번 있는 것을 수학나라 말로 써 보세요.

아이들　(자기의 생각대로 쓴다.)

$$\boxed{0.5} \quad \boxed{\times} \quad \boxed{3} \quad \boxed{=} \quad \boxed{1.5}$$

교사　소수를 분수로도 표현해서 계산해 봅시다.

아이들　(0.5×3을 분수로 고쳐서 계산해 본다.)

$$\boxed{0.5} \ \boxed{\times} \ \boxed{3} \ \boxed{=} \ \boxed{\dfrac{5}{10}} \ \boxed{\times} \ \boxed{3} \ \boxed{=} \ \boxed{\dfrac{5\times3}{10}} \ \boxed{=} \ \boxed{\dfrac{15}{10}} \ \boxed{=} \ \boxed{1.5}$$

교사　$\boxed{\dfrac{5\times3}{10}}$ 을 보면 0.5×3을 분자의 자연수 5×3으로 생각하고, 그 곱을 분모 10으
　　　로 나눠서 생각했습니다. 소수의 계산을 분수에서 살펴보면 소수를 먼저 무엇으로
　　　고쳤나요?

아이들　자연수로 고쳐서 계산을 한 다음 소수 한 자리 수이므로 10으로 나누기($\dfrac{1}{10}$ 로 곱
　　　하기)를 했습니다.

교사 기린 아저씨가 볼 수 있게 세로셈으로 해 보세요.

아이들
$$\begin{array}{r} 0\,.\,5 \\ \times \quad 3 \\ \hline 1\,.\,5 \end{array}$$

교사 위에서 분수로 한 계산과 세로셈으로 한 계산은 모두 소수의 곱셈을 먼저 무엇으로 생각하고 계산했나요?

아이들 먼저 자연수로 생각하고 계산했습니다.

교사 그다음 어떤 과정을 거칩니까?

아이들 그다음은 소수인 것을 생각해서 세로셈에서는 소수점을 찍어 줍니다. 분수에서는 10으로 나누기를 하므로 소수를 찍게 됩니다.

교사 소수점을 찍는 것은 기준 '1'을 어떻게 한다는 뜻입니까?

아이들 소수점을 찍는 것은 기준 '1'을 10, 100, 1000으로 나눈다는 뜻입니다.

■ 활동 3 소수 곱하기 자연수(2.7×3)

교사 2.7×3을 분수 곱셈식으로 계산하세요.

아이들
$$2.7 \times 3 = \frac{27}{10} \times 3 = \frac{27 \times 3}{10} = \frac{81}{10} = 8.1$$

교사 기린 아저씨가 볼 수 있게 세로셈으로 해 보세요.

$$\begin{array}{r} ^{2} \\ 2\,.\,7 \\ \times \quad 3 \\ \hline 8\,.\,1 \end{array}$$

교사 위에서 두 가지의 계산 방법은 먼저 소수의 곱셈을 무엇으로 생각하나요?

아이들 먼저 자연수의 곱셈으로 생각합니다.

교사 그다음 어떤 일을 해야 하나요?

아이들 분수에서는 자연수의 곱 81을 10으로 나눠 줘서 8.1로 만들고, 세로셈에서는 소수점 아래 수를 세어서 계산을 해 줘서 8.1을 만듭니다.

■ 활동 4 곱의 소수점의 위치

교사 소수의 곱셈을 분수로 고쳐서 계산하는 방법과 세로셈으로 계산하는 방법을 통해
서 곱의 소수점의 위치를 알아봅시다.

$$0.007 \times 5 = \frac{7}{1000} \times 5 = \frac{7 \times 5}{1000} = \frac{35}{1000} = 0.035$$

0.007×5에서 분자 35는 자연수의 곱을 먼저 구한다는 뜻이고, 그다음 분모 1000
으로 나누어 주어서 0.035가 됩니다. 이것은 세로셈에서 바로 자연수로 계산해서
소수 세 자리 수 점 찍어 주기 하는 것과 같습니다. 이것을 통해서 생각한 것을 발
표하세요.

아이들 (자기의 생각을 발표한다.)

■ 활동 5 (소수) X (소수)의 곱

교사

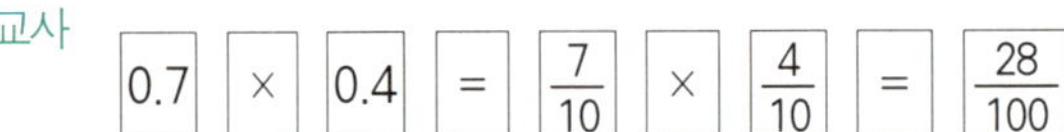

$$0.7 \times 0.4 = \frac{7}{10} \times \frac{4}{10} = \frac{28}{100}$$

분자의 계산 7×4＝28은 자연수로 고쳐서 생각하는 것과 같습니다. 분모가 100이
므로 나눠 줘서 0.28이 됩니다. 이것은 세로셈에서 자연수로 계산해서 소수 두 자
리 수를 찾아 주는 것과 같습니다. 오늘 배운 것을 노래로 만들어 '나비야'에 맞추
어 불러 보세요.

아이들 소수 한 자리(0.1) $\frac{1}{10}$, 소수 두 자리(0.01) $\frac{1}{100}$, 소수 세 자리(0.001) $\frac{1}{1000}$ 모양만
다르고 값은 같아요.

19. 소수의 나눗셈
(되로 받았으면 되로 갚아라)

▪ 들어가면서

1. 모든 수는 나눗셈이 가능할까?

2. 소수도 나눗셈이 가능할까?

▪ 목표

소수 나눗셈의 계산 방법을 알고 계산할 수 있다.

▪ 준비물

분홍, 검정, 회색 색카드($\frac{1}{2}$ 크기) 10장 정도, 백지 수카드 30장(A$_4$ $\frac{1}{8}$ 크기), 훌라후프 혹은 종이 접시

▪ 내용

소수의 나눗셈은 분수로 고쳐서 계산하는 방법과 소수 세로셈으로 계산하는 방법 두 가지다. 이 두 가지 방법 모두 소수의 나눗셈을 할 때 먼저 자연수로 생각해서 나눗셈을 한 후에 분수는 분모의 10, 100, 1000으로 나누기를 해서 소수점을 찍고, 또 세로셈도 소수점 자리 수를 센 후 소수점을 찍어 주어서 몫이 같게 되는 것을 알게 된다. 즉 소수의 나눗셈은 먼저 자연수로 생각해서 계산한 다음 원래의 소수점을 찾아 주는 방법으로 계산한다는 결론을 찾을 수 있다.

▪ 활동 1 (소수 한 자리 수) ÷ (자연수)

몫을 직접 받아 보기

교사 2.4m의 황금 철사가 있습니다. 2사람이 나누어 가지려면 어떻게 해야 할까요? 먼저 수학나라 말을 써 보세요.

101

아이들 2.4 ÷ 2

교사 이 나눗셈 계산을 여러분들이 어떤 색카드를 들고 해결하면 좋을까요?

아이들 분홍색, 검정색 색카드를 들고 훌라후프나 접시를 두고 똑같이 나누어 주면 돼요.

교사 선생님이 도와줄게요. 접시를 2개 준비하세요. (아이들 2명이 나와서 종이 접시를 들고 선다.)

아이 2명이 2 4 를 들고 서 있는다.

*5학년이므로 색카드를 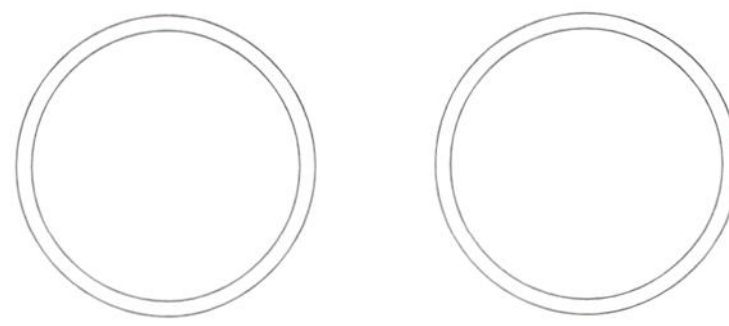 으로 표현하지 않고 2 4 로 표현해도 좋다.

이 2 4 를 접시 2개에 똑같이 나누어 준다면

분홍색 2개를 접시 2개에 똑같이 나누어 줄 수 있나요?

아이들 (생각을 발표한다.)

교사 검정색 4개를 2개의 접시에 똑같이 나누어 줄 수 있나요?

아이들 (생각을 발표한다.)

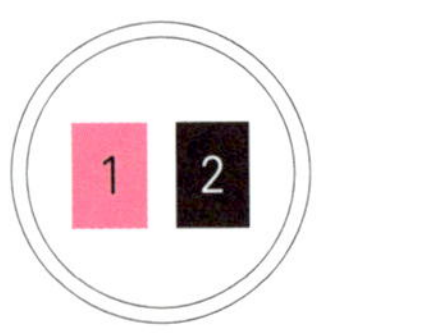 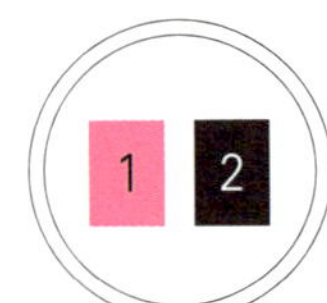

교사 여러분 1사람의 몫은 각각 얼마인가요?

아이들 (2사람이 각각 1.2m라고 외친다.)

교사 기린 아저씨가 볼 수 있게 세로셈으로 표현하세요.

아이들

```
      1. 2
  2 ) 2 . 4
      2
      ─────
        4
        4
      ─────
        0
```

① 분홍색 2개로 2접시에 1개씩 준다.
② 검정색 4개를 2개의 접시에 2개씩 똑같이 줄 수 있다.
③ 몫은 1.2이다.

교사 　분수로 고쳐서 계산하는 방법은 없을까요?

아이들

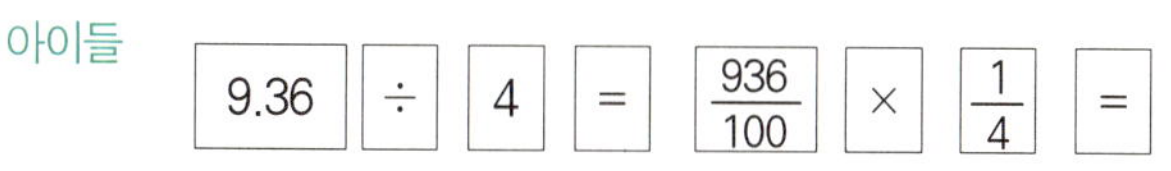

$$2.4 \div 2 = \frac{24}{10} \div 2 = \frac{24}{10} \times \frac{1}{2}$$
$$= \frac{24}{10 \times 2} = \frac{12}{10} = 1.2$$

(이 계산을 통해서 자연수 24로 고쳐서 나누기 2를 해 준 다음, 분모 10으로 나누기를 함으로써 1.2가 된다. 즉 세로셈에서 24÷2를 한 다음 소수점 자리 수를 찾아 주는 것이나 분수에서 24÷2를 한 다음 10으로 나눠 주는 것이나 몫은 같다. 소수의 나눗셈은 자연수로 고쳐서 계산을 하고, 소수점 정리를 해 주는 것임을 알 수 있다.)

■ 활동 2 (소수 두 자리 수) ÷ (자연수)

교사 　9.36m 정사각형 모양의 화단이 있습니다. 한 변의 길이는 얼마일까요? 분수의 나눗셈으로 해 보세요.

아이들

$$9.36 \div 4 = \frac{936}{100} \times \frac{1}{4} =$$
$$\frac{936}{100 \times 4} = \frac{234}{100} = 2.34$$

교사 　9.36을 자연수 얼마로 고쳤나요?

아이들 　자연수 936으로 고쳤습니다.

교사 　그래서 936 나누기 무엇을 했나요?

아이들 　936 나누기 4를 했어요.

교사 　936 나누기 4를 해서 몫은 얼마인가요?

아이들 　234가 나왔습니다.

교사 　그러면 234가 9.36÷4의 몫입니까?

아이들 　아닙니다.

교사 　어떻게 해야 하나요?

아이들 　9.36을 100배 해서 936으로 만들고 나눗셈을 하여 몫을 구했으므로 다시 $\frac{1}{100}$ 배, 즉 100으로 나눠 줘야 합니다.

교사 　그러면 진짜 몫은 얼마입니까?

아이들 234를 $\dfrac{1}{100}$ 배 해서 2.34입니다.

교사 기린 아저씨가 볼 수 있게 세로셈으로 해 볼까요.

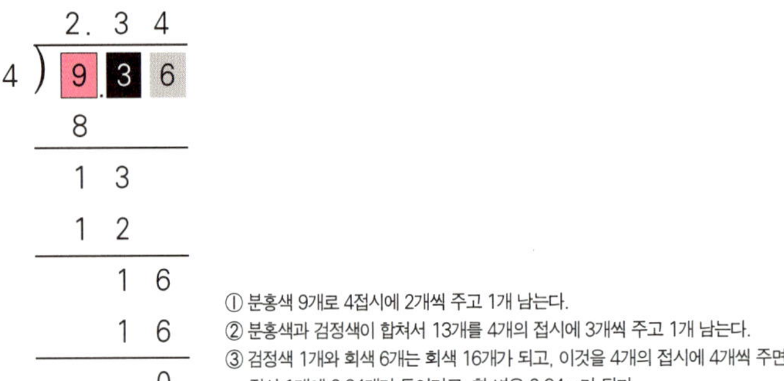

교사 정사각형 한 변의 길이는 얼마인가요?

아이들 2.34m입니다.

교사 세로셈 계산에서 처음에 9.36을 소수로 생각하면서 계산하나요?

아이들 자연수로 생각하면서 계산을 하고, 계산을 한 뒤, 몫에서 소수점을 찍어 줍니다.

- **활동 3** 90.6÷12의 경우

교사 연필 1다스가 90.6g이라면 연필 한 자루는 몇 g인가요? 분수의 나눗셈으로 해 보
　　　세요.

아이들
$$90.6 \div 12 = \dfrac{906}{10} \div 12$$

교사 이 경우에 906÷12를 했을 때 몫이 나머지 없이 떨어질까요?

아이들 아니요.

교사 몫이 나머지 없이 떨어지게 하기 위해서 어떤 분수를 만들 수 있을까요?

아이들
$$90.6 \div 12 = \dfrac{9060}{100} \div 12$$

교사 9060÷12의 몫은 얼마인가요?

아이들 755입니다.

교사 그러면 몫을 755라고 할 수 있나요?

아이들 755는 100배를 한 몫이므로 다시 $\dfrac{1}{100}$ 배를 해서 몫은 7.55입니다.

교사 기린 아저씨가 볼 수 있게 세로셈으로 해 보세요.

```
          7. 5 5
      ┌─────────
  12 )  9 0. 6 0
        8 4
       ─────
         6 6
         6 0
        ─────
           6 0
           6 0
          ─────
             0
```

① 파란색 9개로 12접시에 줄 수 없으므로 파란색과 분홍색이 합쳐서 분홍색 90개가 되고,
   이것을 12개의 접시에 각각 7개씩 나눠 준다.
② 분홍색 6개와 검정색 6개가 합쳐서 검정색 66개가 되고, 이것을 12개의 접시에 5개씩 나눠 준다.
③ 검정색 6개와 회색 0개를 합쳐서 회색 60개가 되고, 이것을 12개의 접시에 회색 5개씩 나눠 준다.
④ 접시 1개의 몫은 7.55가 된다.

교사 연필 1자루의 무게는 얼마인가요?

아이들 7.55g입니다.

교사 세로셈 계산에서 처음에 90.6을 소수로 생각하면서 계산하나요?

아이들 자연수로 생각하면서 계산을 하고, 계산을 한 뒤, 몫에서 소수점을 찍어 줍니다.

* $\dfrac{906}{10}$ 에서 몫을 완전히 구할 수 없을 때 $\dfrac{9060}{100}$ 으로 고쳐서 계산하는 것과 마찬가지로 세로셈에서 90.6에서 계산이 안 될 때 뒤에 '0'을 하나 더 붙인다는 것을 꼭 알게 한다.

▪ 정리 의미 찾기

교사 소수의 나눗셈에서 생각나는 것을 몸짓으로 표현하세요.

아이들 (생각을 몸짓으로 표현하고 발표한다.)

tip

소수의 곱셈과 나눗셈의 연산은 특별한 것이 아니다. 일단 자연수로 생각을 해서 계산을 한다. 자연수로 고쳐서 계산을 한다는 것은 10배, 100배, 1000배씩 했다는 뜻이므로 몫에서 그만큼 $\dfrac{1}{10}$ 배, $\dfrac{1}{100}$ 배, $\dfrac{1}{1000}$ 배 하는 것은 당연한 것이다. 이것만 확실하게 안다면 소수의 곱셈과 나눗셈은 어려울 것이 없다.

20. 분수의 나눗셈
(손가락으로 해 봐요)

■ 들어가면서

1. 사과 1개를 $\frac{1}{2}$ 씩 나누어 주면 몇 사람이 받는가?

2. 위의 상황을 수학나라 말로 표현해 보기

■ 목표

어떤 수를 분수로 나누는 계산 원리를 이해하고 계산할 수 있다.

■ 준비물

백지 수카드 30장(A₄ $\frac{1}{8}$ 크기)

■ 내용

이 제재는 초등 수학에서 가장 어려운 부분이다. 거의 모든 수학 교육자들이 제수가 분수인 나눗셈 방법을 이해하는 아이들은 거의 없다고 한다. 수학 교과서에서는 이 제재를 통분을 이용한 방법을 통해서 제수의 역수를 취해서 곱한다는 것을 설명하고 있다. 그러나 통분 방법을 수업을 할 때는 이해했지만, 거의 모든 아이들이 이 방법을 기억하거나 완전히 자신의 것으로 만들지 못하고 있는 것을 볼 수 있다. 14세 이전의 아이들은 논리적인 부분이 취약하기 때문이다. 수학 책에서 통분 논리를 통해서 계산 방법을 제시했지만, 그것을 수용할 수 없기 때문이다. 그러므로 필자는 이 제재는 논리를 이용하기 보다는 학습자들이 보고 체험해서 제수의 역수를 취해서 곱하는 것에 동의하고, 그 장면을 기억함으로써 계산을 수행하는 것이 더 설득력 있는 방법이라고 생각한다. 아래 여러 가지 방법들은 학습자들이 눈으로 보고, 자신이 역할을 맡아서 체험하면서 역수를 취해서 곱하는 것을 수용하는 방법을 설명하고 있다.

▪ 활동 1 1 속에 단위 분수가 몇 개가 들어가는지 활동을 통하여 살펴보기

　몸짓 표현.

교사　고기 10kg이 있습니다. 2kg씩 한 봉지에 담는다면, 몇 봉지가 될까요?

　　　위의 과정을 먼저 몸짓으로 표현하세요. 한 다음 수학나라 말(식)로 표현해 주세요.

> 몸짓 활동 : 전체(10kg)를 나타내는 것을 양손을 이용해서 둥글게 표현하고, 거기에서 2kg씩 나누어 주는 몸짓을 하는 것이다. 이 몸짓 활동을 통해서 기계적, 절차적 지식이 아니라 상황에 대해서 생각해 보는 시간을 가질 수 있다.

아이들　(몸짓으로 10kg을 2kg씩 다섯 번 나누어 주는 활동을 한다.)

교사　이 몸짓 활동을 수학나라 말, 즉 나눗셈식으로 표현하세요.

아이들　10kg÷2kg＝5봉지입니다.

교사　사과 1개를 $\frac{1}{2}$ 씩 나누어서 접시에 담으려고 합니다. 필요한 접시는 몇 개인가요?

　　　몸짓으로 먼저 표현하세요.

아이들　(전체에서 $\frac{1}{2}$ 씩 나누어 주는 몸짓 표현을 한다.) 접시 두 개가 필요합니다.

교사　몸짓 분수(손뼉 치기)로 표현하세요.

아이들　(손뼉 두 번을 치고, 손등을 한 번 치고, 잠시 쉬었다가 손등을 한 번 더 친다.)

교사　이 몸짓 분수 활동을 수학나라 말, 즉 나눗셈식으로 표현하세요.

아이들　$\boxed{1} \;\boxed{\div}\; \boxed{\dfrac{1}{2}} \;\boxed{=}\; \boxed{2}$

> 분수의 나눗셈은 제수인 분수가 몇 개 포함되는지를 아는 포함제 나눗셈으로 공부한다.

▪ 활동 2 역할극

교사　$1 \div \frac{1}{2}$ 즉 1 속에 $\frac{1}{2}$ 이 몇 개가 있는지 여러분이 직접 분수가 되어 분수 카드를 들고 나와 서 보세요.

아이들　(학생들이 직접 분수 카드를 들고 나와서 선다.)

교사 이 활동을 수학나라 말, 즉 나눗셈식으로 표현하세요.

아이들 $\boxed{1}$ $\boxed{\div}$ $\boxed{\dfrac{1}{2}}$ $\boxed{=}$ $\boxed{2}$

*위의 활동을 $\dfrac{1}{3}$, $\dfrac{1}{4}$, $\dfrac{1}{5}$, $\dfrac{1}{6}$, $\dfrac{1}{7}$ 등을 활용해서 많이 해 보면서 보고 체험하고 느껴 보는 것이 중요하다.

*$1 \div \dfrac{1}{3}$ 일 경우 1 속에는 $\dfrac{1}{3}$ 이 3개이므로 $\dfrac{1}{3}$ 을 3명이 든다. 그리고 1 속에서는 $\dfrac{1}{3}$ 이 3개 있다. $1 \div \dfrac{1}{3} = 3$, 이것은 $1 \div \dfrac{1}{3} = \dfrac{3}{1}$ 여러 번의 이 과정을 거치며 몫이 역수가 되는 것을 체득한다.

$\dfrac{1}{2}$ 카드를 들고 두 사람이 서 있다.
1 속에는 $\dfrac{1}{2}$ 이 두 개가 있다.

■ **활동 3 1 속에 진분수가 몇 개 들어가는지 활동을 통하여 살펴보기**

몸짓 분수와 분수 되기 활동을 이용한 (1)÷(진분수) : $1 \div \dfrac{2}{5}$

1. 몸짓 활동

교사 $1 \div \dfrac{2}{5}$ 의 식을 보고 어떤 상황인지 한글나라 말로 표현하세요.

아이들 1속에 $\dfrac{2}{5}$ 가 몇 개 포함되는가?

교사 1속에 $\dfrac{2}{5}$ 가 몇 개 포함되는지 $\dfrac{2}{5}$ 씩 나누어 주는 몸짓을 하세요.

아이들 (전체에서 $\dfrac{2}{5}$ 씩 나누어 주는 몸짓 표현을 하기.)

교사 몸짓 분수(손뼉 치기)로 표현하세요.

아이들 (손뼉 다섯 번을 치고, 손등을 두 번씩 두 번 치고, 잠시 쉬었다가 손등을 한 번 더 친다.)

교사 두 번이 포함된 다음 좀 남는 것이 보였군요. 몇 번이 포함되고 얼마가 남았습니까?

아이들 두 번이 포함되고 $\dfrac{1}{5}$ 이 남았습니다.

2. 역할극

교사 이번에는 역할극을 해 봅시다. $\dfrac{1}{5}$ 분수를 종이에 써서 들고 5명이 나와요.

아이들 (종이에 $\boxed{\dfrac{1}{5}}$ 분수 카드를 써서 들고 다섯 명이 나와서 선다.)

교사 $\dfrac{2}{5}$씩 묶어서 앉아 보세요.

아이들 ($\dfrac{2}{5}$씩 묶어서 앉고, $\boxed{\dfrac{1}{5}}$ 한 명이 선다.)

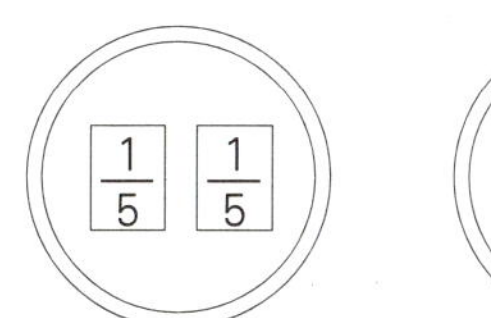 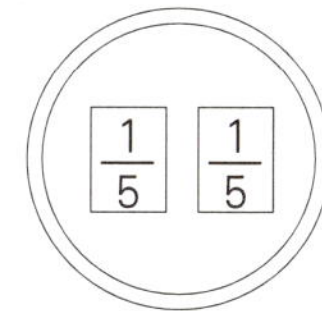 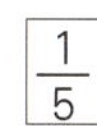

교사 $\dfrac{2}{5}$씩 두 개를 묶으니 $\dfrac{1}{5}$ 몇 개가 남았나요?

아이들 $\dfrac{1}{5}$ 한 개가 남았습니다.

교사 $\dfrac{1}{5}$ 한 개는 몇 개라고 말할 수 있을까요?

아이들 $\dfrac{1}{5}$ 은 한 개입니다.

교사 $\dfrac{2}{5}$ 를 한 개라고 했는데 $\dfrac{1}{5}$ 도 한 개라고 말할 수 있을까요?

아이들 반 개입니다.

교사 왜 반 개라고 했어요? 반 개는 어떤 수로 표현할 수 있을까요?

아이들 $\dfrac{1}{5}$ 두 개를 한 개라고 했으니, $\dfrac{1}{5}$ 한 개는 반 개이고 $\dfrac{1}{2}$ 입니다.

교사 그러면 1 속에는 $\dfrac{2}{5}$ 가 몇 개 포함되어 있는지 말해 보세요.

아이들 두 개 하고 반 개, 즉 $2\dfrac{1}{2}$ 개가 포함되어 있습니다.

교사 '1 속에 $\dfrac{2}{5}$ 가 $2\dfrac{1}{2}$ 개가 포함되어 있다' 를 수학나라 말로 표현하세요.

아이들 $\boxed{1}$ $\boxed{\div}$ $\boxed{\dfrac{2}{5}}$ $\boxed{=}$ $\boxed{2\dfrac{1}{2}}$

교사 위의 식에서 몫을 가분수로 고쳐 보세요.

아이들 $\boxed{1}$ $\boxed{\div}$ $\boxed{\dfrac{2}{5}}$ $\boxed{=}$ $\boxed{2\dfrac{1}{2}}$ $\boxed{=}$ $\boxed{\dfrac{5}{2}}$

아이들 위의 수학나라 말을 가분수를 이용한 한글나라 말로 고쳐 보세요.

학생 '1' 속에는 $\dfrac{2}{5}$ 가 $\dfrac{5}{2}$ 개 포함되어 있습니다.

교사 뭐 발견되는 것 없습니까?

아이들 ('거꾸로 되었네' 역수 등)

3. 손가락 분수

교사 자신의 왼손 손가락 다섯 개를 펴 보세요. 손가락 1개를 $\dfrac{1}{5}$ 이라고 하면 왼손 손가락 다섯 개는 $\boxed{1} \div \boxed{\dfrac{2}{5}}$ 의 식에서 무엇과 같다고 말할 수 있을까요?

아이들 '1' 과 같습니다.

교사 손가락을 두 개씩 묶으면 얼마씩 묶는다고 말할 수 있나요?

아이들 $\dfrac{2}{5}$ 씩 묶는다고 할 수 있어요.

교사 그러면 손가락 다섯 개를 두 개씩 묶으면 몇 묶음이 될까요? 수학나라 말로 어떻게

표현할까요? (즉 손가락 다섯 개는 1이므로 1 속에는 $\dfrac{2}{5}$ 묶음이 몇 개일까?)

아이들 $\boxed{1} \div \boxed{\dfrac{2}{5}}$ 라고 합니다.

교사 손가락 다섯 개를 두 개씩 묶어 보세요. 몇 묶음이 되고 몇 개가 남습니까?

아이들 두 묶음이 되고 반(한 개)이 남습니다.

$\boxed{1} \div \boxed{\dfrac{2}{5}}$ 의 손가락 표현

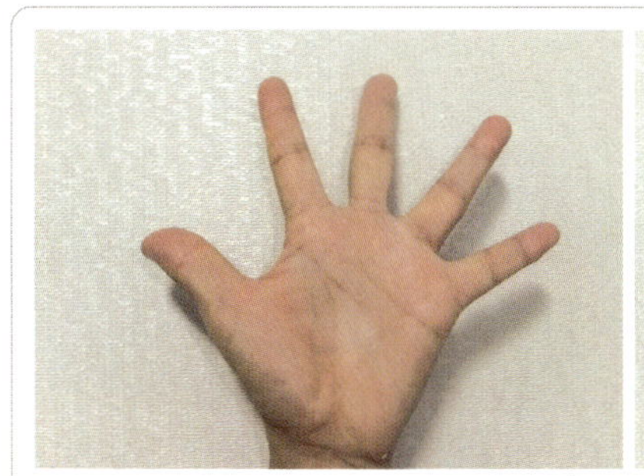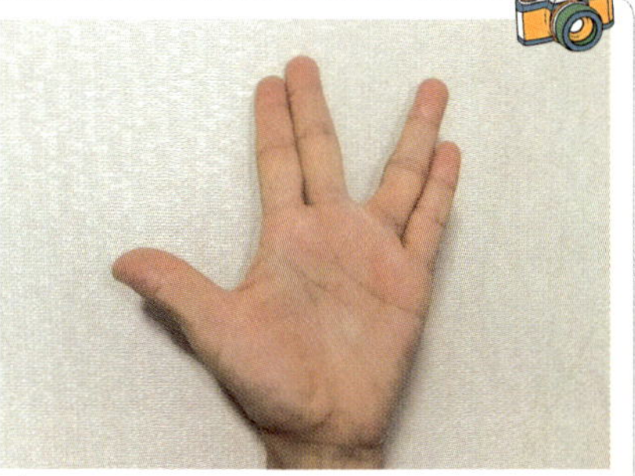

1을 나타내는 손가락 5개를 편다. 손가락 1개는 $\dfrac{1}{5}$ 을 나타낸다. $\dfrac{1}{5}$ 2개씩 2묶음을 만들고 손가락 1개가 남는다.

교사 즉 '1' 속에는 $\dfrac{2}{5}$ 가 몇 개가 들어 있다고 할 수 있나요?

아이들 두 개 하고 반이 들어 있습니다.

교사 두 개 하고 반을 $2\dfrac{1}{5}$ 이라고 합니까? $2\dfrac{1}{2}$ 이라고 합니까?

아이들 $2\dfrac{1}{2}$ 이라고 합니다.

교사 왜 $\dfrac{1}{5}$ 이 남았는데 $\dfrac{1}{2}$ 이라고 합니까?

아이들 $\dfrac{1}{5}$ 두 개를 한 개로 표현했으므로 $\dfrac{1}{5}$ 한 개는 $\dfrac{1}{2}$ 입니다.

교사 1속에 $\dfrac{2}{5}$ 가 몇 개 포함되나를 수학나라 말로 표현하면 어떤가요?

아이들 $\boxed{1} \div \boxed{\dfrac{2}{5}} = \boxed{2\dfrac{1}{2}} = \boxed{\dfrac{5}{2}}$

교사 위의 식에서 뭐 발견되는 것 없습니까?

아이들 ('거꾸로 되었네' 역수 등)

교사 위의 수학나라 말을 가분수를 사용한 한글나라 말(문장)로 표현해 볼까요? 예를 들면 '일 나는……' 이란 말을 이용하여 해 봅시다.

아이들 일 나는 $\frac{2}{5}$ 를 $\frac{5}{2}$ 개 가지고 있습니다.

교사 손가락 다섯 개를 두 개씩 묶어 보는 것은 두 개를 기준으로 했을 때 무엇의 크기를 알아보는 것이라고 할 수 있을까요? (손가락을 편 채로 공부합니다.)

아이들 두 개를 기준으로 했을 때 다섯 개의 크기를 알아보는 것입니다.

교사 즉 다섯 개는 두 개의 몇 배인가요? 손가락 다섯 개(손가락 다섯 개는 바로 '1'을 말함)는 손가락 두 개의 몇 배라고 할 수 있을까요?

아이들 1의 $\frac{5}{2}$ 배입니다.

교사 그러면 수학나라 말 $\boxed{1} \div \boxed{\frac{2}{5}}$ 에서 1 속에 $\frac{2}{5}$ 가 몇 개 들어 있는가를 구하는 것은 손가락 다섯 개는 손가락 두 개의 몇 배인가요? 즉 1의 몇 배를 구하는 것이라고 할 수 있을까요?

아이들 1의 $\frac{5}{2}$ 배를 구하는 것입니다.

교사 수학나라 말로 표현하면 무엇인가요?

아이들 $\boxed{1} \div \boxed{\frac{2}{5}} = \boxed{1} \times \boxed{\frac{5}{2}}$

*위와 유사한 분수 나눗셈식($\boxed{1} \div \boxed{\frac{3}{4}}$, $\boxed{1} \div \boxed{\frac{2}{7}}$ 등) 을 두고 여러 번 활동한다. 활동을 하는 가운데 분자를 기준으로 분모가 몇 배가 되는 것을 구하는 것을 눈으로 보고, 몸으로 체험하고 느껴 보도록 한다. 이 활동을 통해서 $1 \div \frac{분자}{분모} = 1 \times \frac{분모}{분자}$ 인 것을 확실히 체험하게 하고, 각인시킨다.

■ **활동 4** 자연수 속에 진분수가 몇 개 들어 있나?(자연수)÷(진분수)

손가락 분수 사용, 분수 되기(분수 역할)를 사용해도 좋다.

교사 이번에는 2 속에는 $\frac{2}{3}$ 가 몇 개 들어 있을까요? 수학나라 말로 표현하세요.

아이들 $\boxed{2} \div \boxed{\frac{2}{3}}$

교사 분수 되기로 해 봅니다. $\boxed{1} \div \boxed{\frac{2}{3}}$ 로 먼저 생각해서 1 속에 $\boxed{\frac{1}{3}}$ 이 세 개 있으므로 $\boxed{\frac{1}{3}}$ 카드를 들고 나와 보세요.

아이들 (종이에 $\boxed{\dfrac{1}{3}}$ 분수 카드를 써서 들고 세 명이 나와서 선다.)

교사 $\dfrac{2}{3}$ 씩 묶어서 앉아 보세요.

아이들 ($\dfrac{2}{3}$ 씩 묶어서 앉고, $\boxed{\dfrac{1}{3}}$ 한 명이 선다.)

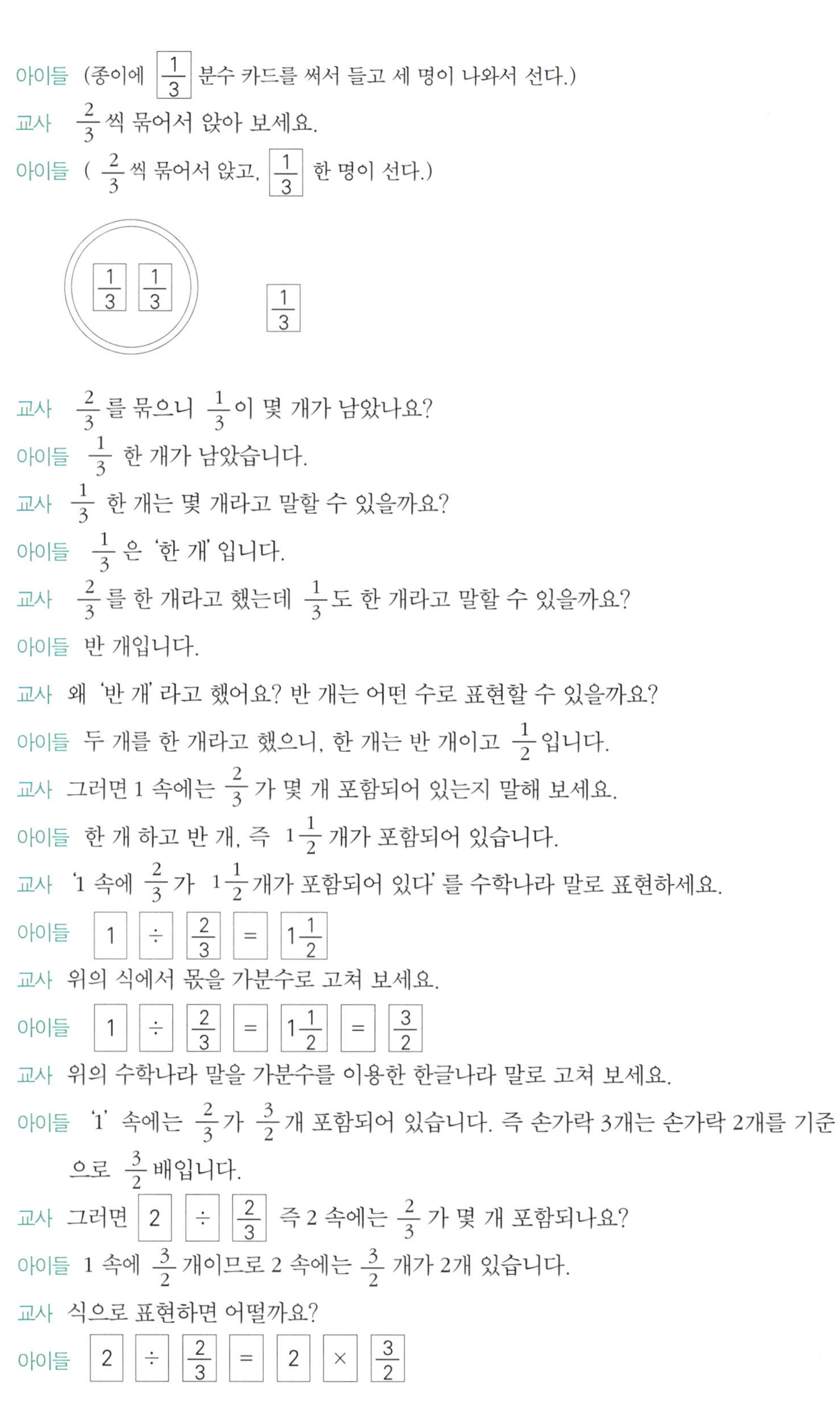

교사 $\dfrac{2}{3}$ 를 묶으니 $\dfrac{1}{3}$ 이 몇 개가 남았나요?

아이들 $\dfrac{1}{3}$ 한 개가 남았습니다.

교사 $\dfrac{1}{3}$ 한 개는 몇 개라고 말할 수 있을까요?

아이들 $\dfrac{1}{3}$ 은 '한 개' 입니다.

교사 $\dfrac{2}{3}$ 를 한 개라고 했는데 $\dfrac{1}{3}$ 도 한 개라고 말할 수 있을까요?

아이들 반 개입니다.

교사 왜 '반 개' 라고 했어요? 반 개는 어떤 수로 표현할 수 있을까요?

아이들 두 개를 한 개라고 했으니, 한 개는 반 개이고 $\dfrac{1}{2}$ 입니다.

교사 그러면 1 속에는 $\dfrac{2}{3}$ 가 몇 개 포함되어 있는지 말해 보세요.

아이들 한 개 하고 반 개, 즉 $1\dfrac{1}{2}$ 개가 포함되어 있습니다.

교사 '1 속에 $\dfrac{2}{3}$ 가 $1\dfrac{1}{2}$ 개가 포함되어 있다' 를 수학나라 말로 표현하세요.

아이들 $\boxed{1} \; \boxed{\div} \; \boxed{\dfrac{2}{3}} \; \boxed{=} \; \boxed{1\dfrac{1}{2}}$

교사 위의 식에서 몫을 가분수로 고쳐 보세요.

아이들 $\boxed{1} \; \boxed{\div} \; \boxed{\dfrac{2}{3}} \; \boxed{=} \; \boxed{1\dfrac{1}{2}} \; \boxed{=} \; \boxed{\dfrac{3}{2}}$

교사 위의 수학나라 말을 가분수를 이용한 한글나라 말로 고쳐 보세요.

아이들 '1' 속에는 $\dfrac{2}{3}$ 가 $\dfrac{3}{2}$ 개 포함되어 있습니다. 즉 손가락 3개는 손가락 2개를 기준
으로 $\dfrac{3}{2}$ 배입니다.

교사 그러면 $\boxed{2} \; \boxed{\div} \; \boxed{\dfrac{2}{3}}$ 즉 2 속에는 $\dfrac{2}{3}$ 가 몇 개 포함되나요?

아이들 1 속에 $\dfrac{3}{2}$ 개이므로 2 속에는 $\dfrac{3}{2}$ 개가 2개 있습니다.

교사 식으로 표현하면 어떨까요?

아이들 $\boxed{2} \; \boxed{\div} \; \boxed{\dfrac{2}{3}} \; \boxed{=} \; \boxed{2} \; \boxed{\times} \; \boxed{\dfrac{3}{2}}$

교사 손가락으로 해 봅시다. 먼저 왼손으로 해 봅니다. 손가락 세 개를 펴 보세요.

아이들 (손가락 세 개 펴 보기)

교사 손가락 세 개 중에서 두 개를 묶어 보세요. 세 개 중에서 두 개를 묶어 보니까 1 속에 $\frac{2}{3}$ 가 몇 묶음 있습니까?

아이들 1묶음과 1개가 남아요.

교사 남는 1개는 $\frac{1}{3}$ 이라고 말하나요? 아니면 뭐라고 할까요?

아이들 손가락 두 개를 1묶음이라고 하니까 손가락 1개는 $\frac{1}{2}$ 이라고 합니다.

교사 그러면 1 속에는 $\frac{2}{3}$ 가 몇 개 있습니까?

아이들 1 속에는 $\frac{2}{3}$ 가 $1\frac{1}{2}$ 개 있습니다.

교사 수학나라 말, 즉 나눗셈식으로 표현해 보세요.

아이들 $\boxed{1} \div \boxed{\frac{2}{3}} = \boxed{1\frac{1}{2}}$

교사 $1\frac{1}{2}$ 를 가분수로 고쳐 보세요.

아이들 $\boxed{1} \div \boxed{\frac{2}{3}} = \boxed{1\frac{1}{2}} = \boxed{\frac{3}{2}}$

교사 이제 오른손도 그렇게 펴 보세요.

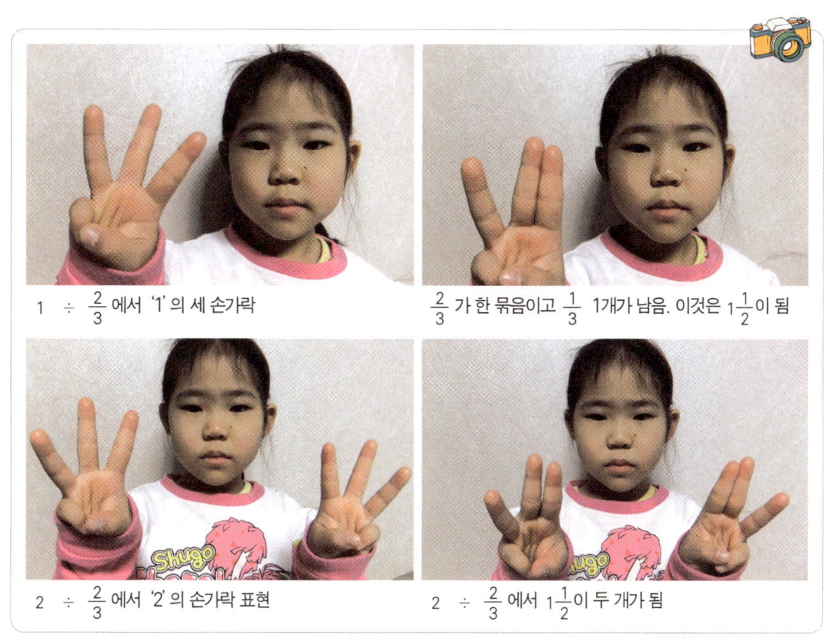

1 $\div$ $\frac{2}{3}$ 에서 '1'의 세 손가락

$\frac{2}{3}$ 가 한 묶음이고 $\frac{1}{3}$ 1개가 남음. 이것은 $1\frac{1}{2}$ 이 됨

2 $\div$ $\frac{2}{3}$ 에서 '2'의 손가락 표현

2 $\div$ $\frac{2}{3}$ 에서 $1\frac{1}{2}$ 이 두 개가 됨

아이들 (오른손도 같은 모양으로 펴기)

교사 결국 $\frac{3}{2}$이 몇 개 있는 셈입니까? 손가락을 보면서 생각해 보세요.

아이들 $\frac{3}{2}$ 이 2개 있습니다.

교사 그러면 $2 \div \frac{2}{3}$ 는 2의 몇 배라고 할 수 있나요?

아이들 2의 $\frac{3}{2}$ 배, 즉 $2 \times \frac{3}{2}$ 입니다.

교사 위의 과정을 수학나라 말로 표현하세요.

아이들 $2 \div \frac{2}{3} = 2 \times \frac{3}{2}$

교사 처음부터 두 개의 손을 구합니까?

아이들 처음에는 한 개의 손에서 $\frac{3}{2}$ 을 구합니다.

교사 그 다음에는 어떻게 합니까?

아이들 한 개의 손이 $\frac{3}{2}$ 이니까 두 개의 손은 두 개이므로 $2 \times \frac{3}{2}$ 입니다.

▪ 정리 의미 찾기

교사 제수가 분수인 나눗셈은 어떻게 하면 될까요? 몸짓으로 표현하고 발표하세요.

아이들 제수가 분수인 나눗셈은 제수의 역수를 취해서 곱하기를 합니다. 즉 제수의 분자가 기준이 되고, 분모가 분자의 몇 배인가를 구하는 것과 같습니다.

> tip
>
> 분수의 나눗셈은 왜 포함제로 해결해야 할까? 대부분의 나눗셈은 등분제로 계산을 설명하면 이해하기 쉽고 편하다. 등분제란 '한 사람의 몫'을 묻는 것이 등분제이다. 즉 354÷3일 때 1사람이 갖는 몫은 얼마인가? '118'이다. 등분제 나눗셈은 바로 한 사람의 몫을 묻는 것이다. 그런데 354÷$\frac{1}{2}$일 때 이것이 분수이므로 1사람의 몫으로 질문하기가 좀 어려운 점이 있다. 그래서 분수의 나눗셈에서는 등분제가 아닌 포함제로 해결한다. 즉 354 속에는 $\frac{1}{2}$이 몇 개 포함 되었는가로 질문하는 것이다.
>
> 분수의 나눗셈은 초등학교에서 가장 어려운 제재이다. 거의 대부분의 학생들이 이유도 모르고 분수의 역수를 취해서 곱하는 것을 기계적으로 처리하는 제재이다. 또한 가르치는 교사들도 같은 함정에 빠져 있다. 교사와 학생 모두가 기계적으로 처리할 수밖에 없는 제재이기도 하다. 이 제재를 위와 같은 방법으로 했을 때 많은 학생들이 미소를 되찾고, 이제야 알겠다고 솔직히 고백하는 모습도 볼 수 있었다.
>
> 또 교과서에서는 분수의 나눗셈을 자연수, 진분수, 대분수 등 여러 제재로 나누어서 다루었지만, 위의 방법으로 분수의 나눗셈의 의미를 잘 파악할 수 있게 했고 어느 곳에도 사용할 수가 있게 했다. 이 제재는 한 시간으로 해결되지는 않는다. 두세 시간 정도는 걸리더라도 몸짓 활동, 분수 되기, 손가락 분수 등 여러 번 하면서 아이들이 보고, 체험하고, 느껴 보는 것이 가장 중요하다.

21. 소수의 나눗셈
(네가 100배 하면 나도 100배 할래)

- 들어가면서

  1. 소수의 몸짓을 해 보자. (소수 한 자리, 소수 두 자리, 소수 세 자리)

  2. 소수 한 자리가 10개가 되면 몸짓은 어디로 가는가?

  3. 소수는 십진수라고 할 수 있는가?

- 목표

  소수 나눗셈의 계산 방법을 알고 계산할 수 있다.

- 준비물

  백지 수카드 30장(A$_4$ $\frac{1}{8}$ 크기)

- 내용

  제수가 소수인 나눗셈을 공부한다. 소수를 분수로 고쳐서 계산하는 방법과 소수 나눗셈에서 제수를 자연수로 고치는 방법을 생각하며 나눗셈하는 방법을 알게 한다.

- 활동 1 (소수 한 자리 수) ÷ (소수 한 자리 수) : 무지개 다리

교사　2.5L 물이 들어가는 무지개 다리가 있습니다. 이 그릇에 물을 가득 채우고 무지개 다리를 건너 갑니다. 여러분이 갖고 있는 0.5L가 들어가는 바가지로 몇 번을 부어야 될까요? 수학나라 말로 표현하세요.

아이들　(각자의 생각을 말한다.)

교사　$\boxed{2.5}$ $\boxed{÷}$ $\boxed{0.5}$ $\boxed{=}$

　　　소수를 분수로 고치는 방법을 생각해 봅시다.

아이들　$\boxed{\frac{25}{10}}$ $\boxed{÷}$ $\boxed{\frac{5}{10}}$ $\boxed{=}$ $\boxed{25}$ $\boxed{÷}$ $\boxed{5}$ $\boxed{=}$ $\boxed{5}$

0.5L 바가지로 5번 채웁니다.

교사 $\dfrac{25}{10} \div \dfrac{5}{10}$ 를 $25 \div 5$ 로 고쳐도 괜찮은 이유가 뭘까요?

아이들 (각자의 생각을 말한다.)

교사 세로셈으로 계산해 볼까요?

$$0.5 \,)\overline{\,2.5\,} = 5$$

0.5도 10배 하고 2.5도 10배 해서 계산한다.

교사 몫 5가 맞았는지 검산을 해 보아요.

아이들 $0.5 \times 5 = 2.5$

교사 이제 무지개 다리에 물을 채우고 건너갑시다.

■ 활동 2 (소수 두 자리 수) ÷ (소수 두 자리 수) : 날아다니는 담요

교사 무지개 다리를 건너니 2.25㎡의 담요가 있네요. 넓이가 0.75㎡되는 방석으로 담요

에 가득 채워야만 날아다니는 담요가 된다고 해요. 방석 몇 개를 깔아야 날아다니

는 담요가 될까요?

아이들 수학나라 말로 쓸게요.

$$2.25 \div 0.75$$

교사 분수로 고쳐서 계산해 보면 어떨까요?

아이들 (자기들의 생각을 발표한다.)

교사 분수로 고쳐 보세요.

아이들 $\dfrac{225}{100} \div \dfrac{75}{100} = 225 \div 75 = 3$

방석 3개로 채우면 날아가는 담요가 돼요.

교사 $\dfrac{225}{100} \div \dfrac{75}{100}$ 를 $225 \div 75$ 로 고쳐도 괜찮은 이유가 뭘까요?

아이들 (각자의 생각을 말한다.)

교사 세로셈으로 계산해 볼까요?

$$0.75 \overline{)2.25} 3$$

```
                3
  0. 7 5 )  2. 2 5
           2 2 5
                0
```

0.75 도 100배 하고 2.25도 100배 해서 계산한다.

교사 몫 3이 맞았는지 검산을 하세요.

아이들 | 0.75 | × | 3 | = | 2.25 |

교사 담요를 타고 날아가세요.

- **활동 3** (자리 수가 다른 두 소수의 나눗셈) : 황금 비 뿌리기

교사 담요를 타고 거인이 사는 하늘까지 오니 1.375kg의 황금이 보이네요. 지금은 거인
   이 잠을 자는 시간인데 이 황금을 1시간에 1.25kg만 황금 비로 만들어 땅으로 보낼
   수 있다고 합니다. 거인이 잠에서 깨기 전에 빨리 황금 비를 땅에 뿌려 줘요. 거인
   이 2시간 후에 잠을 깬다고 하니 몇 시간 정도 뿌릴 수 있는지 계산해서 빨리 황금
   비를 뿌려요.

아이들 수학나라 말을 쓸게요.

| 1.375 | ÷ | 1.25 | = |

교사 분수로 고쳐서 계산해 보면 어떨까요? 그런데 앞의 수(피제수)는 1.375이고 뒤의
   수(제수)는 1.25인데 분수로 어떻게 고쳐야 될까요?

아이들 (자기들의 생각을 발표한다.)

교사 분모를 같게 하려면 몇 배를 해 줘야 할까요?

아이들 1000배를 합니다.

교사 분수로 고쳐 보세요.

아이들 $\dfrac{1375}{1000}$ ÷ $\dfrac{1250}{1000}$ = 1375 ÷ 1250 = 1.1

   황금 비를 1.1시간 뿌릴 수 있네요. 거인은 2시간 후에 깨니까 빨리 황금 비를 뿌리
   세요.

교사 $\dfrac{1375}{1000}$ ÷ $\dfrac{1250}{1000}$ 를 1375 ÷ 1250 로 고쳐도 괜찮은 이유가 무엇인가요?

아이들 (각자의 생각을 말한다.)

교사 세로셈으로 계산해 볼까요?

$$
1.25\,)\overline{\,1.375\,}
$$

$$
\begin{array}{r}
1.\,1 \\
1.25\,)\overline{1.375} \\
1250 \\
\hline
125 \\
125 \\
\hline
0
\end{array}
$$

세로셈일 때는 제수만 자연수로 만들고, 피제수는 제수를 자연수로 만든 배수만 곱해 준다.
1.25를 100배 하고 1.375를 100배 해서 계산한다.

교사 여러분의 생각이 맞았는지 검산해 볼까요.

아이들 $\boxed{1.25}$ $\boxed{\times}$ $\boxed{1.1}$ $\boxed{=}$ $\boxed{1.375}$

▪ 활동 4 소수의 나눗셈에서 나머지 알기 (열쇠 구멍 통과하기)

교사 여러분, 거인이 황금 비 내리는 소리에 빨리 잠을 깼나 봐요. 거인 발자국 소리가
들려요. 이 열쇠 구멍을 통과해야 거인한테 안 잡히고 마법의 성으로 들어갈 수 있
는데, 여러분 몸이 너무 커서 열쇠 구멍 속으로 들어갈 수가 없네요. 좋아요. 이 약
을 먹으면 몸이 줄어들어서 통과할 수 있어요. 여기 11.5g의 약이 있어요. 이 약을
1.6g만 먹으면 됩니다. 몇 사람이 먹고 열쇠 구멍을 통과해서 마법의 성으로 갈 수
있을지 계산해 봐요. 약이 없어 못 먹은 사람은 빨리 부엌 아궁이에 들어가서 숨어
있으면 우리가 나중에 와서 구해 줄게요. 먼저 수학나라 말부터 써 보세요.

아이들 수학나라 말로 쓸게요.

$\boxed{11.5}$ $\boxed{\div}$ $\boxed{1.6}$

교사 분수로 고쳐서 계산해 보면 어떨까요?

아이들 (자기들의 생각을 발표한다.)

교사 분모를 같게 하려면 몇 배를 해 줘야 할까요?

아이들 10배를 합니다.

교사 분수로 고쳐 보세요.

아이들 $\boxed{\dfrac{115}{10}}$ $\boxed{\div}$ $\boxed{\dfrac{16}{10}}$ $\boxed{=}$ $\boxed{115}$ $\boxed{\div}$ $\boxed{16}$ $\boxed{=}$ $\boxed{7}$
하고 나머지가 있어요. 나머지가 3이 돼요. 7명이 먹고, 나머지 3g이 남아요.

교사 자, 우선 7명이 나와서 1.6g씩 약을 먹어요.

118

아이　선생님, 계산으로 3g이 남는다고 했으니 저도 1.6g 먹을래요. 주세요. 저도 먹을
　　　래요.

교사　아니, 어떻게 된 거죠. 7명이 먹고 나니까 조금밖에 안 남아서 한 사람이 먹을 분량
　　　1.6g이 안 되는데 계산으로는 3g이 남고 이거 어떻게 된 거지요? 빨리 숨어야 되는
　　　데. 여기에서 머뭇거리면 거인한테 잡혀서 다 죽어요.

아이들　(자기들의 생각을 발표한다.)

교사　그러면 세로셈으로 계산해 볼까요?

$$1.6 \enclose{longdiv}{11.5} \;\; 7.$$

나머지가 3이 맞을까요?
나머지는 어떻게 표현해야 할까요? 나머지는 0.3입니다.
검산 1.6 × 7 + 0.3 = 11.5

교사　오늘 마법의 성으로 잘 갔나요? 그리고 거인한테 안 잡혔어요. 나머지를 어떻게 처
　　　리해서 거인한테 안잡히고 무사할 수 있었어요?

아이들　나머지는 3이 남는다고 바로 3g이 되는 것이 아니고, 원래의 수에서 생각해서
　　　0.3g으로 계산하는 것을 알았어요.

■ 활동 5 　몸짓수 놀이

교사　몸짓수 놀이를 해 봅시다. (아래 식을 칠판에 써 놓기)

$$\boxed{1.375} \quad \boxed{\div} \quad \boxed{1.25} \quad \boxed{=}$$

교사　먼저 1.375를 몸짓수로 표현해 봅시다. 그다음 제수 1.25도 몸짓수로 표현해 봅시
　　　다. 제수는 소수가 있으면 곤란합니다. 1.25를 어떻게 고쳐야 될까요?

아이들　제수 1.25를 100배 해 줘서 125로 고쳐야 합니다.

교사　제수 125를 몸짓수로 표현해 봅시다. 그렇다면 1.375를 그대로 두면 될까요?

아이들　100배를 해 줘서 137.5로 고쳐야 합니다.

교사　137.5도 몸짓수로 표현해 봅시다. 이제 137.5 비타민을 세포 125개에게 나누어 줘
　　　보세요.

아이들 (나누어 주는 몸짓을 한다.)

*그다음은 아이들과 대화를 하면서 학습한다. 중요한 것은 제수 1.25를 100배 해서 125로 고쳐야
  하는 것이다.

▪ 정리 의미 찾기

교사 오늘 공부한 느낌을 몸으로 표현해 봅시다.

아이들 (몸짓으로 표현하고 발표한다.)

tip 🔍

소수의 나눗셈을 해결하는 방법은 두 가지이다. 하나는 분수로 고쳐서 하는 방법이고, 다른 하나는 세로
셈으로 바로 해결하는 방법이다. 세로셈에서는 제수, 피제수가 모두 자연수가 될 필요는 없고, 제수만 자
연수가 되면 된다. 그러므로 피제수는 소수점을 가지고 있는 경우가 많다.
소수의 나눗셈에서 몫을 소수점까지 계산하는 방법은 쉽지만 나머지를 표현하는 방법에서 아이들이 많이
어려워하는 모습을 볼 수 있다. 몫을 구하기 위해서 편의상 제수, 피제수를 몇 배 했을 뿐인데 아이들은
계산 끝에 나오는 나머지를 바로 나머지로 처리하는 실수를 많이 한다. 나머지는 원래의 수에서 구하는
것임을 잘 알게 하기 위해서 재미있는 동화를 이용하는 것도 좋다.

22. 분수와 소수의 혼합 계산

(통일을 이루자)

■ 들어가면서

소수와 분수가 혼합된 식이 있을 때 수를 모두 소수로 고쳐서 계산하는 것이 편할까? 분수로 고쳐서 계산하는 것이 편할까?

■ 목표

소수와 분수가 혼합되어 있는 계산 식의 계산하는 방법을 이해할 수 있다.

■ 준비물

백지 수카드 30장(A$_4$ $\frac{1}{8}$ 크기)

■ 내용

$\boxed{\dfrac{1}{5}}$ $\boxed{\div}$ $\boxed{0.5}$ 와 같이 분수와 소수가 혼합된 경우에 그대로 두고는 아무것도 구할 수 없다. 분수로 고치든지 소수로 고치든지 통일을 해야 한다. 소수로 고쳐서 계산해 보기도 하고, 분수로 고쳐서 계산해 보면서 어느 쪽이 편리한지 학습자 스스로 찾아보도록 한다. 여기에서 중요한 것은 제수가 분수인 나눗셈은 항상 역수를 취해서 곱하는 계산 방법을 6학년 1학기에서 여러 활동을 통해서 확실히 깨달았으므로 그렇게 계산하도록 한다. 나아가서 곱셈, 나눗셈, 덧셈, 뺄셈의 혼합 계산일 때 무엇을 먼저 계산해야 하는지 그 이유를 활동을 통해서 발견하도록 한다.

■ 활동 1 (소수) ÷ (분수)를 빨리 계산하는 팀이 주스 마시기

계산 활동으로 어떤 방법이 편한지 찾아내기

교사 주스 1.5L를 한 사람이 $\frac{1}{4}$L씩 따라 마신다면 몇 사람이 마실 수 있을까요? 빨리 계산하는 모둠이 마실 수 있습니다. 먼저 수학나라 말을 쓰고 계산하세요.

아이들 $\boxed{1.5} \div \boxed{\dfrac{1}{4}} \boxed{=}$

　　① $\boxed{1.5} \div \boxed{0.25}$

　　② $\boxed{\dfrac{15}{10}} \div \boxed{\dfrac{1}{4}}$

교사 ①과 ②의 방법 중에서 어떤 것이 편하고 빨리 할 수 있었나요?

아이들 (자신들의 생각을 발표한다.)

- **활동 2** (분수) ÷ (소수)를 빨리 계산하는 팀이 꽃 만들기

계산 활동으로 어떤 방법이 편한지 찾아내기

교사 꽃 한 개를 만드는 데 색 테이프가 0.3m가 필요하다면 $3\dfrac{3}{5}$m로 꽃을 몇 개 만들 수 있을까요? 먼저 수학나라 말을 쓰고 계산하세요.

아이들 $\boxed{3\dfrac{3}{5}} \div \boxed{0.3} \boxed{=}$

　　① $\boxed{3\dfrac{3}{5}} \div \boxed{\dfrac{3}{10}} \boxed{=}$

　　② $\boxed{3.6} \div \boxed{0.3} \boxed{=}$

교사 ①과 ②의 방법 중에서 어떤 것이 편하고 빨리 할 수 있었나요?

아이들 (자신들의 생각을 발표한다.)

- **활동 3** 분수와 소수의 혼합 계산은 어떻게 하는가?

수를 갖고 직접 서 보면서 곱셈과 나눗셈의 계산 원리를 다시 생각한다.

교사 $\boxed{\dfrac{1}{5}} \div \boxed{0.5} \boxed{+} \boxed{1\dfrac{2}{5}} \times \boxed{2} \boxed{-} \boxed{0.8}$ 처럼 분수와 소수가 혼합되어 있는 계산은 어떻게 할까요?

아이들 (자신들의 생각을 발표한다.)

교사 먼저 $\boxed{\dfrac{1}{5}} \boxed{\div} \boxed{0.5}$ 에서 $\dfrac{1}{5}$ 은 혼자서 의미가 있을까요? 0.5도 혼자서 의미가 있을까요? $\dfrac{1}{5} \div 0.5$는 하나로 묶일 때 의미를 가진다고 할 수 있습니까?

아이들 (자신들의 생각을 발표한다.)

교사 3÷4의 나눗셈은 $\dfrac{3}{4}$ 이라는 분수 하나의 수로 표현할 수 있습니다. 그러면 나눗셈은 두 개의 수가 아니라 하나의 수입니다. 나눗셈은 하나의 수라고 할 수 있습니

다. 즉 나눗셈의 식에서 구할 수 있는 몫 그것이 바로 하나의 수가 됩니다. 예를 들면 $10 \div 2 = 5$ 일 때 이 나눗셈식의 몫은 5 입니다. 그 5 가 바로 $10 \div 2$ 와 같다는 것입니다. $10 + 2$ 의 식에서는 10 과 2 는 따로 존재할 수 있지만 $10 \div 2$ 에서 10 과 2 는 따로 존재할 수 없고, 묶여 있어야 합니다. 그래서 나눗셈은 먼저 계산되어야 합니다. $10 \div 2$ 는 하나의 수 5 로 나타낼 수 있는 것입니다. 그러면 $1\frac{2}{5} \times 2$ 의 곱셈식에서 $1\frac{2}{5}$ 와 2 는 따로 존재하나요? 아니면 같이 묶여야만 의미가 있습니까?

아이들 (생각을 발표한다.)

교사 예, 이들은 $1\frac{2}{5} + 2$ 에서 $1\frac{2}{5}$ 나 2 처럼 따로 하나의 의미를 갖는 것이 아닙니다. 이들은 $1\frac{2}{5} \times 2$ 라는, 즉 $1\frac{2}{5}$ 가 2개 있다는 하나의 묶음으로 존재하는 것입니다. 그래서 $1\frac{2}{5} \times 2$ 는 $2\frac{4}{5}$ 라는 하나의 수로 표현할 수 있습니다. 그렇다면 위의 식 $\frac{1}{5} \div 0.5 + 1\frac{2}{5} \times 2 - 0.8$ 을 하나의 수에 해당하는 것은 한 사람씩 들고 나와서 식을 표현해 보세요.

아이들 $\frac{1}{5} \div 0.5 + 1\frac{2}{5} \times 2 - 0.8$

교사 $\frac{1}{5} \div 0.5$ 는 하나의 수, 즉 한 몸이니까 먼저 계산해야 되고,
$1\frac{2}{5} \times 2$ 도 하나의 수, 즉 한 몸이니까 먼저 계산해야 됩니다.
그렇게 먼저 계산을 한 다음 더하기와 빼기를 하면 됩니다. 계산을 해 보세요.

아이들 $\frac{1}{5} \div 0.5 = \frac{1}{5} \div \frac{5}{10} = \frac{2}{5}$

$1\frac{2}{5} \times 2 = \frac{7}{5} \times 2 = 2\frac{4}{5}$

$\frac{2}{5} + 2\frac{4}{5} - 0.8 = \frac{4}{10} + 2\frac{8}{10} - \frac{8}{10} = 2\frac{4}{10} = 2\frac{2}{5}$

교사 곱셈하고 나눗셈에게 별명을 하나 지어 주세요.

아이들 (별명을 짓고 그 이유를 발표한다.)

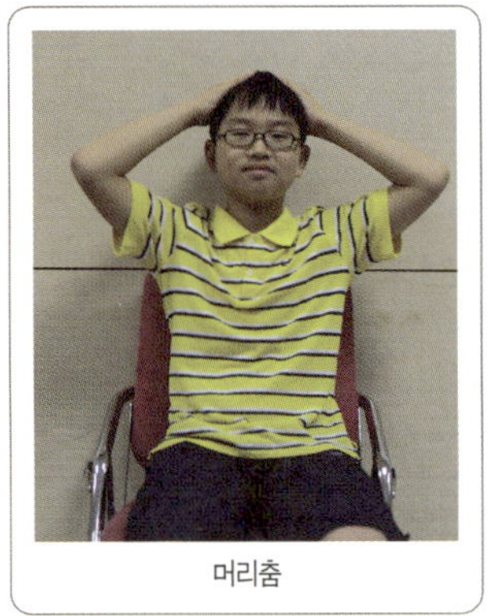

머리춤

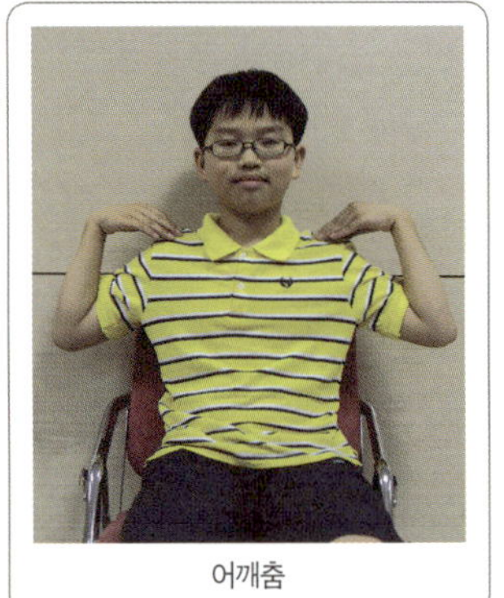

어깨춤

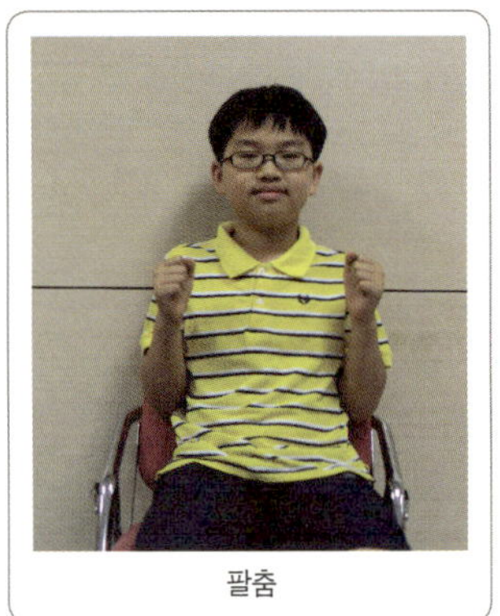

팔춤

몸짓수 예시

몸짓수는 사진과 같이 약속합니다.

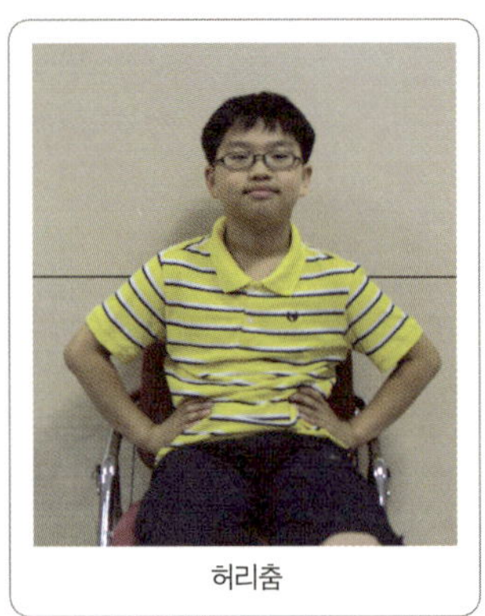

허리춤

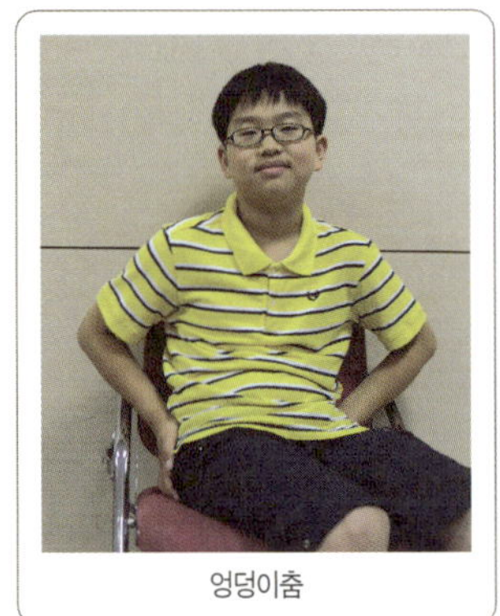

엉덩이춤

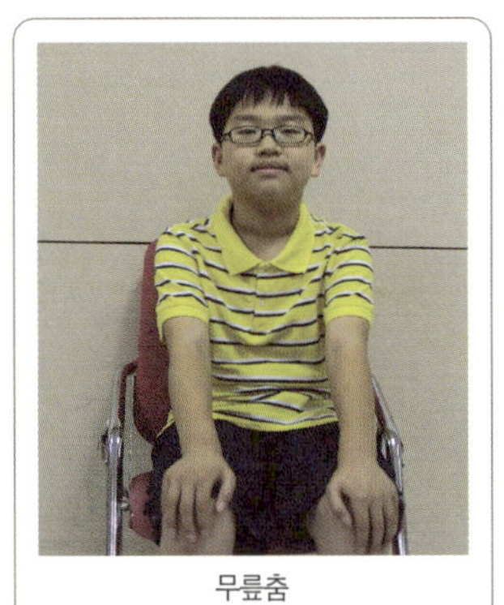

무릎춤

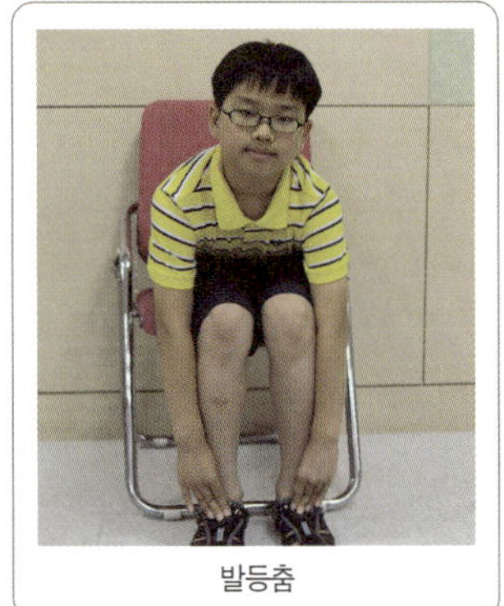

발등춤